# Il Nostro Misterioso Universo

*Mark Nelson*

# Contenuti

Universo come coscienza ..................................................... 1

L'universo come nostro insegnante ..................................... 35

La vita dell'individuo come riflesso o modello dell'evoluzione umana ...................................................... 57

Dove siamo stati (e perché siamo ancora lì) ....................... 79

Individualizzazione del libero arbitrio ................................. 93

Cattivo .................................................................................. 102

Tenda ................................................................................... 110

Ufo e Deva ........................................................................... 133

La scuola è finita ................................................................. 139

Guardando indietro dal futuro ........................................... 153

La Grande Chiamata ........................................................... 156

## Universo Come Coscienza

Qual è il senso della vita? In generale, la vita ha un senso? E se sì, cosa dovremmo fare con esso? Quando ci poniamo queste tre domande e cerchiamo le risposte, solo allora diventiamo umani. Sto scrivendo queste parole, e fuori dalla finestra c'è il gelo. Osservo con gioia come il bassorilievo di ghiaccio spesso un millimetro copre gradualmente i due terzi inferiori del vetro. Dopo un minuto o due, appare un'immagine che ricorda una rigogliosa vegetazione estiva: foglie piumate e rami intricati e curvi sono chiaramente visibili. Ogni "pianta" è unica e allo stesso tempo perfettamente inscritta nella composizione: non lascia spazi vuoti e non oscura i vicini. Un'immagine perfetta non è il frutto di un piano perfetto?

Impossibile non pensare al significato profondo di ciò che vedo: l'artista che ha creato questa straordinaria opera -acqua congelata "ordinaria" (una sostanza inorganica che non ha né geni né DNA). Che tipo di energia si nasconde dietro tali fenomeni e che tipo di coscienza ha bisogno di avere per pianificare e creare tale bellezza? Poche persone saranno in grado di disegnare da sole uno schema così perfetto e ci vorrà molto più tempo di un paio di minuti. Sono ancora più sorpreso che i sistemi di credenze esistenti, condivisi dalle presunte nazioni più avanzate del pianeta, non solo non riescono a spiegare in modo convincente la maggior parte dei misteri della natura (questo è semplicemente comprensibile), ma di solito preferiscano ignorarli e persino provare a negare molti fenomeni che non rientrano nel quadro delle loro ideologie. Ignorare e negare è forse la cosa migliore su cui possono contare le persone che osano attirare l'attenzione degli altri su tali realtà.

Il problema principale delle nostre religioni e scienze tradizionali non è la conoscenza limitata e nemmeno una sopravvalutazione del grado della propria comprensione della realtà. L'errore più grande che fanno è quando attaccano coloro che sono in grado di percepire una percezione molto più ampiae un universo perfetto e che stanno cercando di cooperare con questo universo nel diffondere la Luce, espandendo così la conoscenza umana ben oltre i limiti dei rigidi sistemi di credenze. Cosa ci impedisce di dirci: sì, non sappiamo ancora molto? Perché è brutto ammettere che c'è un mondo misterioso intorno a noi? Inoltre, è noto che i sistemi cosmologici della scienza ortodossa e delle religioni ortodosse occidentali si contraddicono ampiamente e, in sostanza, si escludono a vicenda. (Torneremo presto.)

Eppure, voglio esprimere la mia posizione fin dall'inizio: credo che sia la scienza che la religione abbiano ragione in qualcosa di importante: semplicemente vedono la realtà da posizioni diverse. Ma se la scienza, con tutta la sua razionalità, manca di saggezza, e la religione, con tutta la sua saggezza, non resiste all'analisi ragionevole, allora non sono d'accordo con la Verità più alta e universale. Dopotutto, l'Universo in cui viviamo (e possiamo vederlo da noi stessi intorno a noi) è ragionevole, conveniente, saggio e, soprattutto, amorevole. Questo è ciò che cercherò di mostrare.Ecco solo alcuni esempi di fenomeni anomali che hanno un significato profondo (e quindi inquietante) e sono quindi liquidati dal nostro establishment come indegni di uno studio serio.

Ci sono molti casi in cui il corpo fisico di una persona è

stato separato dai "corpi" superiori - in uno stato di morte clinica, sotto l'influenza di farmaci o ad alta velocità (in caduta, in una centrifuga), in uno stato di shock, ecc. Le persone che erano considerate incoscienti da altri, osservavano il loro corpo fisico di lato e potevano successivamente descrivere accuratamente gli eventi accaduti.Tutti abbiamo sogni, e talvolta visioni di diverso tipo, che raccontano molto sui nostri stati interni (malattie non rilevate, complessi, ecc.), o su cosa possiamo aspettarci dal futuro, e ci dicono anche come comportarci ulteriormente ( se non siamo troppo pigri per analizzarli). Ci sono molti rapporti sui cosiddetti poltergeist, possessione e altri fenomeni parapsichici. Nell'ultimo mezzo secolo (in effetti, nel corso della storia), in tutto il mondo, persone di cui ci si può fidare hanno visto gli UFO. E molti - a un livello o nell'altro - hanno avuto contatti con "alieni".

In diversi paesi del mondo compaiono spontaneamente i cosiddetti "cerchi nel grano": enormi pittogrammi delle forme geometriche più diverse e belle. Tutti possono vederli e non tutti i casi risultano falsi.
Nel corso della storia umana, ci sono staticombustione spontanea delle persone e tutti i tentativi di riprodurre artificialmente questo fenomeno sono falliti. I ricordi di vite passate, che appaiono in molte persone, possono indicare la ripetizione della vita. A volte i bambini forniscono tali dettagli su persone ed eventi del passato, o su luoghi lontani che non avrebbero potuto conoscere.

Questo elenco può essere continuato per molto tempo. Molti libri sono stati scritti e molte fotografie e video che documentano questi cosiddetti fenomeni "anomali". Ma invece di esaminarli onestamente ed espandere la nostra conoscenza di questo fantastico universo, l'establishment mostra una completa riluttanza ad ascoltare tutto ciò che potrebbe disturbarli completamentesistemi di credenze organizzati (sebbene questi ultimi siano chiaramente imperfetti e vengano sempre più smentiti). Fortunatamente, ora - come accade periodicamente su qualsiasi pianeta - nuove e fresche energie stanno arrivando sulla nostra Terra e persone di vari ceti sociali stanno iniziando a essere scettiche riguardo alle vecchie spiegazioni, rendendosi conto nei loro cuori che c'è molto di più nella vita di le nostre istituzioni pubbliche.

Quindi, ripetiamo quanto detto: i sistemi cosmologici della scienza ortodossa e delle religioni ortodosse occidentali si contraddicono in molti modi e anche, in sostanza, si escludono a vicenda. Un sistema si basa sull'errata convinzione che il piano fisico ei suoi fenomeni associati siano tutto ciò che esiste realmente. (E tutto ciò che esiste è successo per caso!) Un altro sistema, comune a diverse religioni, afferma essenzialmente che tutto è stato creato da una divinità capricciosa e molto crudele senza una ragione chiara (le qualità e i desideri attribuiti a questo dio corrispondono sempre stranamente all'ideologia dei circoli dirigenti). I poteri che sono tendono a cercare di essere un piede in ogni campo, ed è molto importante per loro negare, ignorare e confutare tutto ciò che la scienza e la religione non possono spiegare.

È la natura dei sistemi umaniconvinzioni, le nostre ideologie, il nostro stabilimento - pretendono di avere tutte le risposte per attrarre e trattenere aderenti e quindiperpetuare la sua esistenza "mantenendo l'ordine".

E noi stessi, piccole personalità, siamo ancora molto immaturi e ci piace credere di essere molto più intelligenti di quanto non siamo in realtà. Pensare che noi, o qualsiasi altra persona, o qualsiasi sistema di credenze umano, abbia tutte le risposte non è un segno di ignoranza? Al contrario, il primo segno di saggezza è la comprensione che abbiamo ancora molto da imparare. Ma, poiché siamo ancora in una fase relativamente precoce dell'evoluzione umana, accade spesso che "i ciechi guidano i ciechi". Cosa resta da fare a una persona normale che pensa se il nostro paradigma culturale è progettato per gli schizofrenici? (In realtà, questo è più un paradigma gemello siamese, perché molte persone si sentono a proprio agio con entrambi i sistemi di credenze allo stesso tempo.)

Alla luce di quanto sopra, le persone possono essere divise in due categorie: alcune sono sempre pronte a percepire nuovi aspetti della Verità che vengono costantemente rivelati all'umanità. Altri si aggrappano alle "buone vecchie" credenze e resistono a tutto ciò che le indebolisce, non rendendosi conto che, storicamente, queste credenze sono relativamente recenti. Definirei il primo gruppo "pensatori" e il secondo "credenti". Si può presumere che agnostici e atei siano orgogliosi di ciò che hanno.La visione "scientifica" o "scettica" della realtà, rientra nella categoria dei pensatori, non dei credenti. Ma non è sempre così. Siamo costantemente di fronte al fatto che l'establishment scientifico difende ostinatamente i suoi dogmi e si oppone a qualsiasi cosa non ortodossa come qualsiasi religione fondamentalista. E questo è il punto. Ovviamente, per ampliare la tua conoscenza della vita, devi almeno consentire la possibilità di ristrutturare la tua visione del mondo quando vengono scoperte nuove verità (scientifiche o religiose), e non rifiutare automaticamente ciò che per noi è incomprensibile.

Cominciamo con la religione. Quando si studia seriamente l'essenza di molte grandi credenze religiose - profondamente e senza pregiudizi - diventa chiaro che c'è molto di più in comune del disaccordo. Disaccordi e discrepanze compaiono dopo che l'insegnante ispirato se ne è andato. Dopotutto, se c'è un "Dio", allora è possibile immaginare che un Essere degno di quel nome rivelerà tutta la veritàper sempre solo una volta - al popolo eletto in un posto - e ignorare tutto il resto? Se c'è un Dio, allora siamo tutti Suoi figli e Lui ci ama allo stesso modo. Se c'è un Dio, allora Lui, come il sole, splende su tutti.

Pertanto, una persona saggia valuta costantemente la "tradizione", usando la sua intuizione e intuizione per capire la differenza tra la vera saggezza duratura che contribuisce all'evoluzione spirituale dell'umanità e ciò che nel tempo è diventato solo un altro dogma senza senso che non aiuta l'illuminazione futura in ogni modo. Quindi, forse l'intero caleidoscopio di visioni del mondo sul nostro pianeta, comprese le nuove rivelazioni che arrivano continuamente, sono pezzi di un gigantesco puzzle? E se non costruissi un muro impenetrabile attorno a ogni piccolo frammento, rifiutando tutto il resto, come fanno molti sistemi di credenze, che ne dici di uno sguardo dalla cima di una montagna? Non vediamo allora che ogni frammento sottolinea qualche aspetto particolare della verità universale?

Ora sulla scienza ortodossa. Se non credi in Dio, puoi credere che i normali scienziati umani possano sapere tutto? Molti credono che le attuali teorie scientifiche dell'evoluzione abbiano già spiegato in dettaglio la vita sulla Terra dall'inizio allo stato attuale incredibilmente complesso. Ma molte verità scientifiche, nate solo un secolo fa, non sembrano oggi alquanto primitive e persino assurde? Non ci rendiamo ora conto che passeranno decenni e molte delle verità scientifiche di oggi sembreranno altrettanto stupide? Tieni anche a mente che le teorie scientifichecominciamo con assiomi e postulati, cioè posizioni iniziali che non sono evidenti di per sé, ma sono accettate senza prove. Prendi qualsiasi teoria materialistica e segui la sua catena logica: alla fine ti imbatterai in una base non confermata e tutto finirà con un miracolo interpretato da altri miracoli.

Sorprendentemente, molti scienziati ritengono che la scienza sappia già abbastanza bene come si è formato l'universo e come funziona l'universo, e resta solo da chiarire i dettagli. Ma questo è tutt'altro che vero!Tuttavia, questa stessa convinzione indica che presto all'umanità saranno date nuove e profonde verità (per noi). Perché è così che l'universo ci illumina. In primo luogo, viene rivelata una certa verità. Poi, quando finalmente diventa accettata e "ortodossa", si svela un'altra verità, che sostituisce quella vecchia. Questo accade all'infinito e porta sempre all'espansione della coscienza umana. Ci viene data un'idea, si deposita nella mente umana e gradualmente diventa un ideale universalmente riconosciuto, che alla fine si cristallizza in un'ideologia. A quel punto, il tempo si sta già avvicinando per l'introduzione di un'idea più ampia nell'umanità. Questo processo si ripete ancora e ancora e, di conseguenza, l'umanità diventa gradualmente sempre più illuminata.

Nessuno pensi che questo libro sia contro la scienza! Voglio chiarire fin dall'inizio: sono gli scienziati che nel prossimo futuro confermeranno scientificamente la presenza di dimensioni dell'essere al di fuori del mondo fisico. Infine, tutti ammettono che le persone hanno davvero molte capacità psichiche.facoltà ora negate dalla scienza materialistica. È estremamente importante rendersi conto che ai livelli più alti la "Scienza Spirituale" è sempre esistita! È questa precipitazione della conoscenza disponibile nella coscienza umana per lunghi periodi di tempo che ha sempre sostenuto la continua crescita dell'intelligenza e della saggezza umana, che a sua volta ha alimentato la nostra evoluzione. Mentre continuiamo ad assorbire le verità superiori, continueremo ad allontanarci sempre più dallo stadio animale e ad andare ancora più velocemente verso una coscienza superiore - verso l'illuminazione, predetta dagli insegnanti dell'umanità.

Sono pienamente convinto che la verità profonda può essere trovata al centro di tutte le grandi religioni. E senza dubbio, gli scienziati hanno già fatto innumerevoli scoperte e continueranno a farlo. Queste scoperteguidato e porterà ad un aumento significativo della conoscenza umana. Agendo insieme, questi due rami della ricerca umana (scienza e religione) possono e devono dare, e certamente daranno, il contributo più importante all'illuminazione dell'umanità. L'illuminazione dell'umanità arriverà quando realizzeremo il nostro potenziale di Intelligenza, Saggezza, Amore. La saggezza eterna che si espande attraverso intuizioni costanti, porterà a una comprensione ancora migliore della verità universale e ci libererà dal peso dell'ignoranza.

La verità universale è ciò di cui vorrei parlare in questo

libro. Questa è la verità che riflette la realtà assoluta del nostro universo. La verità che tutti i ricercatori seri stanno cercando di scoprire. Verità che incarna segni evidenti di verità: consistenza, consistenza, consistenza. La verità, che, sebbene eterna, continua a rivelarsi man mano che la coscienza dell'umanità cresce. E soprattutto: questa è la Verità che risuona con la nostra essenza più alta, più profonda e sacra - con il nostro Cuore, con la nostra Anima. Questa è la sua caratteristica principale.

Il motivo per cui ho scritto questo libro non è altro che il desiderio di aiutaredando vita a un nuovo paradigma cosmologico tanto necessario!Questo nuovo paradigma sta prendendo piede in tutto il pianeta. Tutti noi abbiamo una scelta: possiamo sfruttare questa nuova straordinaria opportunità per espandere la nostra Coscienza (Vita) e diventare una parte importante di queste nuove energie. Oppure possiamo continuare a vivere in una relativa ignoranza, scegliendo ciò che ci si addice dai sistemi di credenze limitati della nostra cultura e lasciando che gli altri pensino per noi. E ancora una volta ci chiediamo: qual è il senso della vita? In generale, la vita ha un senso? E se sì, cosa dovremmo fare con esso? Queste tre domande sono in realtà tre aspetti della ricerca unificata.

Questo è ciò che stiamo cercando. E se prendi parte a questa attività importantissima, non guarderai mai il mondo nello stesso modo.Nelle pagine seguenti ho cercato di riunire alcune delle conoscenze più profonde ed essenziali a disposizione dell'Uomo. Conoscenze acquisite dai migliori insegnanti e dai migliori insegnamenti del passato e del presente, confermate (e ampliate) dall'esperienza di vita. In una parola, questo è il tipo di conoscenza che conduce alla Sapienza. L'acquisizione di una tale qualità come la Sapienza, insieme all'Amore, è l'obiettivo principale dell'onda umana della vita in cui ci troviamo ora.

Questo libro dovrebbe trovare una risposta nella tua Anima, nel tuo Cuore. Poiché è così, non può contraddire la Mente Superiore, perché l'Anima e la Mente Superiore sono unite nell'Essere umano. Tutto ciò che in questo libro non risuona nel tuo Cuore, nella tua Anima, nella tua intuizione, scartalo! Accetta solo ciò che risuona con il tuo Sé Superiore e Migliore.

Ma devo dire subito: non c'è niente di veramente nuovo in questo libro. Concetti che possono sembrare sconosciuti a molte personeè sempre esistito in un insegnamento conosciuto con molti nomi: saggezza eterna, saggezza antica, insegnamento esoterico, ecc. Quando i detentori del potere hanno cercato di sopprimere questa conoscenza, è stata preservata grazie alle società segrete. Inoltre, molti dei suoi elementi possono essere trovati nelle scritture del mondo, specialmente quando vengono letti a livello dell'Anima! I maestri divini dell'umanità hanno sempre sottolineato: il piùuna persona diventa illuminata, il significato più profondo gli viene rivelato nei suoi insegnamenti. Pertanto, man mano che la nostra coscienza cresce, iniziamo a vedere non solo il significato letterale delle scritture. Questi sermoni e storie corrispondevano al livello intellettuale della persona media che viveva nel momento in cui venivano scritti. Ma c'erano anche verità più elevate in loro, in attesa che le persone si svegliassero e vedessero il loro significato.

Molto di ciò di cui parleremo si trova anche nei libri dei grandi pensatori e filosofi di tutti i tempi. E alcune idee, magari sotto forma di intuizioni, ti hanno visitato tu stesso.E, naturalmente, non vorrei che tutto questo fosse accettato da nessuno come un nuovo vangelo. In nessun caso! E senza questo, non mancano le persone che stanno cercando di convincerti che il sistema di credenze in cui è capitato di credere è l'unico, e che solo in esso puoi trovare risposte a tutte le domande. (E più inconsciamente ne dubitano, più lavorano per convincere gli altri e insieme a se stessi.) L'ultima cosa di cui hai bisogno (e non troverai in questo libro) è più guida su cosa credere. Questa è solo una presentazione della mia comprensione della realtà, senza dubbio limitata e imperfetta. In generale, consiglio a tutti coloro che hanno raggiunto quel livello di sviluppo della coscienza in cui le persone iniziano a leggere tali libri, di avvicinarsi a qualsiasi testo in modo critico e senza pregiudizi. (Noi'

Quindi, in questo libro troverai una "visione del mondo" completa (anche se brevemente dichiarata) (inoltre, la "vista" sia del mondo esterno che interno), che puoi confrontare con qualsiasi altra visione del mondo e, soprattutto, con la tua esperienza di vita.Anche se a questo punto della tua vita sei convinto che la vita non ha scopo, continua a leggere. Parleremo del fatto che questa tappa rientra anche nel grande significato della Vita. E se noi umani non credessimo solo a ciò che ci viene detto, ma provassimo la realtà attraverso la nostra esperienza e osservazione, a volte accettando la saggezza convenzionale ea volte cercando spiegazioni migliori?

E se tutte le affermazioni sul significato della vita fossero sbagliate e dovessimo imparare a vedere le risposte da soli?Quali grandi verità riceveremo da piccole verità, quando - un po' più avanti in questo libro, discuteremo le seguenti questioni, molto diverse e talvolta abbastanza banali: se le cellule del nostro corpo sono molto spesso aggiornate, allora perché è già in la mezza età inizia a mostrare i segni del tempo? Perché invecchiamo? Perché la morte fa bene alla razza umana e perché non dovremmo cercare di eliminare la morte naturale? (Supponiamo che sia in nostro potere.) Perché nello stato embrionale gli esseri umani (e altri animali) ripetono le prime fasi dello sviluppo animale?

Perché i bambini hanno le rughe (e le impronte digitali) sulle mani anche prima della nascita?

Perché l'ambiguità di genere a volte si trova tra le persone? (E perché ora è più comune di prima?)

Perché alcune persone dedicano la loro vita al servizio altruistico, mentre altre diventano avidi tiranni (forti e tuttavia meschini)?

Perché una persona normale di solito può dire la differenza nota "falsa", anche senza un'educazione musicale, e perché ci sono note "false"?Perché c'è una relazione diretta tra musica, suono, matematica e persino crescita organica?

Perché si dice che le persone creative e perspicaci hanno "gusto"? Perché lo sport è necessario e perché è così popolare? Com'è possibile che quasi ovunque, proprio sotto la superficie del pianeta, ci sia acqua potabile pulita?

Perché i minerali - metalli, minerali, carbone, petrolio,

ecc. - si trovano più spesso sotto forma di "depositi" sparsi l'uno nell'altro?da un amico a lunga distanza?

Se questo non ti basta, non disperare: forse parleremo di tante altre questioni che ti hanno interessato. E nel processo di discussione, questo libro mostrerà che l'universo non è solo "amichevole" per noi: essoil nostro vero amico. Sì, il nostro Universo è un Essere benevolo, paziente, saggio in tutto, amorevole. Un essere che prende a cuore i nostri pensieri più alti e migliori. Forse sto leggendo la tua mente. Pensi: come puoi dire una cosa del genere! La storia ricorda tanti eventi sanguinosi! Sì, universo "amichevole"!

Sì, abbiamo tutti sperimentato dolore e perdita, alcuni di meno, altri di più. Ma per quanto dolorosa possa essere la fase umana del nostro lungo viaggio, se vediamo il quadro più ampio dell'evoluzione cosmica, ci renderemo conto che la nostra sofferenza (relativa e temporanea) ha le sue cause, così come le nostre gioie.Tutto questo è una parte necessaria nella nostra evoluzione cosciente e nell'evoluzione del nostro misericordioso Universo. Può essere difficile da credere, ma tutti noi svolgiamo un ruolo nel "Piano Divino", o nel "Grande Piano Globale", come viene anche chiamato. Il mondo che ci viene dato è incredibilmente bello e sorprendente.

E, soprattutto, dobbiamo riconoscere che la maggior parte dei nostri problemi (umani) sono una nostra creazione. Ciò significa che l'unico modo per salire più in alto e non causare più dolore a noi stessi è aumentare la coscienza.La crescita della coscienza è una e spesso l'unica soluzione di tutti i problemi!

E ancora (per l'ultima volta):Qual è il senso della vita? In generale, la vita ha un senso? E se sì, cosa dovremmo fare con esso? Ogni persona cosciente cerca di sapere questo. Ogni persona deve saperlo! Sapere: Dobbiamo prima capire che saremo sempre una parte, una parte crescente di questa meravigliosa - incredibile - assoluta benedizione chiamata Vita.

**Vita** è uno stato in continua espansione in cui sei sempre stato e sarai sempre (sia nel corpo fisico che fuori di esso).

**Vita** vissuto come l'Eterno Ora.

**Vita** permette e incoraggia, anzi richiede anche che realizziamo il nostro potenziale e adempiamo il nostro destino. Il nostro destino implica la crescita costante della coscienza in modo che possiamo diventare non meno che co-creatori, insieme a tutte le altre forme viventi all'interno della Vita più grande!

**Vita** molto più importante e molto più complesso di quanto possiamo immaginare. E, soprattutto, la nostra grande Vita condurrà l'umanità verso un futuro meraviglioso che è aperto a noi e attende solo la nostra decisione e azione equilibrate!

**Vita** questo è Tutto: ciò che tante volte, senza pensare e senza apprezzare, diamo per scontato.Dobbiamo capire e risvegliarci alla consapevolezza che la piccola vita che sperimentiamo è un dono, unito al dovere della Vita assoluta, che abbraccia l'intero universo conosciuto e sconosciuto, tutto ciò che esiste, il Cosmo. Alcuni lo chiamano Dio.

Nello stabilire le nostre priorità, tuttavia, ci siamo discostati in modo significativo dal parlare di nuove energie che hanno un impatto sul nostro pianeta. Torniamo a questo nuovo.

Approssimativamente ogni due millenni, un nuovo livello di insegnamenti viene introdotto nella coscienza dell'umanità e gradualmente la maggior parte delle persone diventa sostenitrice del nuovo paradigma. Queste verità superiori provengono dai Regni superiori e dagli Esseri superiori che governano la razza umana. Ecco uno dei concetti principali dell'attuale nuovo paradigma: non viviamo in un universo di materia e spazio, ma, in sostanza, in un universo di energie.Ricorda: non esiste una "materia" densa!

Ciò che prendiamo per materia è solo il risultato dell'attività dell'energia al livello più basso e grossolano. E sebbene la scienza abbia recentemente riconosciuto questa importante verità, solo pochi tra gli scienziati più illuminati (e il loro numero è in crescita) si rendono conto che le energie hanno una qualità che potrebbe essere chiamata coscienza.Mettiamola diversamente: l'energia è il risultato dell'attività della coscienza. Ciò che percepiamo come materia è, infatti, energia (coscienza) al livello più basso.

Che cos'è un livello? Parliamo di questo in modo più dettagliato, perché anche questo problema è molto importante.Tutti sanno che esistiamo e ci esprimiamo a diversi livelli. Abbiamo un corpo fisico e ci esprimiamo fisicamente; abbiamo emozioni e ci esprimiamo emotivamente; abbiamo una mente, e quindi siamo in grado di pensare razionalmente. Ma molti di noi non capiscono che i nostri corpi emotivi e mentali sono reali quanto il corpo fisico e che esistono ai loro livelli (piani, sfere) nello stesso modo in cui il nostro corpo fisico esiste sul piano fisico. E, sebbene siano solitamente associati al nostro corpo fisico nello stato di veglia, possono esistere senza di esso.

Resta inteso che queste sono le sfere (corpi) in cui "noi" abitiamo durante il sonno (e anche dopo la morte del corpo fisico). Ma l'aspetto corrispondente di noi vive in questi campi (sfere) anche quando siamo svegli. Nello stato di veglia, questi campi (sfere, corpi) vanno un po' oltre i limiti del nostro corpo fisico e possono essere percepiti dall'esterno come la nostra "aura".

Tutti i nostri corpi energetici (sia inferiori che superiori, spirituali) insieme formano il nostro campo energetico, il nostro vero "io".
Gli scienziati di mentalità ortodossa stanno cercando di dimostrare che esiste solo un piano fisico e che tutte le nostre varie emozioni e pensieri sono nati da cause fisiche. Non lo dimostreranno mai: gli elementi chimici, come altra materia, non sono in grado di pensare e sentire come facciamo a livello umano. Ciò che è vero è che questi corpi energetici più fini penetrano profondamente nel nostroil corpo "fisico" quando siamo vivi e svegli.

Il nostro stesso corpo fisico è solo una forma di energia inferiore e grossolana. Per vedere questo, considera i casi in cui le persone sono gravemente ferite e "svengono" (permanentemente o temporaneamente), anche se il cervello non è stato danneggiato fisicamente. Al contrario, ci sono casi in cui una persona ha una grave lesione cerebrale o addirittura ha rimosso una parte significativa del cervello, ma la capacità mentale non èdiminuisce e conserva ancora capacità di pensiero. Questo non indica che abbiamo una mente che non dipende dal cervello per la sua esistenza, ma che usa il cervello come mezzo per funzionare nel mondo fisico?

Rimane ancora molto da imparare sul cosiddetto "ritardo mentale" in futuro. Non credo che nella maggior parte dei casi la personalità o la mente siano ritardate; piuttosto, questo corpo mentale non è abbastanza d'accordo con il corpo fisico, forse a causa di ferite fisiche. O può essere perché il Sé Superiore, o Anima, sta perseguendo i propri obiettivi.Una possibile ragione del "ritardo mentale" potrebbe essere che nel corso di molte vite la mente è diventata troppo dominante e ha effettivamente bloccato l'aspetto dell'amore.
In tali situazioni può essereè desiderabile "mettere da parte" la mente (in una certa misura) per un periodo della vita, in modo che l'energia dell'Amore (Cuore) possa fluire liberamente e portare più armonia a un essere vivente.

È del tutto evidente che le vere minacce per l'umanità vengono da coloro il cui cuore, o "corpo d'amore", è difettoso! Non da quelliche ha carenze nel corpo mentale, emotivo o fisico. Dobbiamo capire che il nostro mondo fisico e le nostre sensazioni fisiche sono solo una forma di energia (relativamente) bassa e grossolana, e in effetti sono come un'ombra distorta dei mondi superiori. E, soprattutto, dobbiamo sviluppare una coscienza superiore in noi stessi per comprendere questi mondi superiori. Solo allora diventerà molto più facile comprendere altri regni della realtà. Questo è particolarmente vero per i piani o mondi spirituali. Sì, ci sono piani o mondi (o sfere? dimensioni? campi?) enormi, superiori (alcuni li chiamano spirituali?), e il mondo interiore dell'individuo li riflette vagamente ea un livello molto più basso.

Ora cerchiamo di essere chiari su cosa intendiamo per "piani o mondi spirituali".A parte tutte le associazioni che possiamo avere con la parola "spirituale", si riferisce principalmente a specifici livelli di coscienza che sono correlati, ma trascendono, i regni di coscienza in cui normalmente abitiamo. In altre parole, in qualunque dimensione (mondo) vive un certo essere (minerale, vegetale, animale, umano, nel mondo dell'Anima, ecc.), gli esseri dei regni superiori svolgono in un certo senso una funzione evolutiva "spirituale" in relazione con gli esseri che si trovano nei regni dei livelli inferiori. Ciò significa che noi umani possiamo essere considerati "spirituali" in relazione ai regni inferiori.

Pertanto, diventando di piùilluminati, cominceremo ad assumerci una maggiore responsabilità nei loro confronti. Allo stesso modo, coloro che sono sopra di noi sull'onda della vita (li chiamiamo angeli custodi o spiriti guida, la Gerarchia Spirituale, ecc.) hanno la responsabilità di aiutarci nella nostra evoluzione.Quando la nostra coscienza cresce, quando diventeremo esseri saggi e amorevoli e saremo iniziati al prossimo regno superiore (il regno del puro Amore-Saggezza), non lo percepiremo più come un paradiso spirituale, ma semplicemente come il nostro habitat abituale. (Ne parleremo più avanti.)

Guardiamola da un'altra angolazione: se qualche grande Essere Divino (il cui habitat normale è il mondo spirituale) scendesse ad un livello inferiore, che però per noi rimane ancora spirituale, allora per questo grande Essere sarebbe una tragedia, downgrade, se vuoi. Le scritture e i miti del mondo ci dicono che questo è accaduto davvero (anche se raramente).Naturalmente, qui non stiamo parlando di coloro che si sacrificano incarnandosi nel regno umano per aiutare la nostra ulteriore illuminazione. Sottolineiamo ancora una volta: parlando di "livelli spirituali", intendiamo semplicemente livelli superiori di coscienza in cui non abitiamo ancora consapevolmente e che quindi non possiamo comprendere appieno. Naturalmente, questi regni spirituali non assomigliano affatto a un'immagine ingenua di bambini in cui belle persone siedono sulle nuvole e ascoltano la musica delle arpe, e gli angeli vegliano su di loro svolazzano intorno.

Tutti gli insegnanti e gli scritti ispirati ci dicono che questo spettro più elevato della Vita è percepito come più luminoso e più significativo dei regni in cui abitiamo ora. E, anche se scopriremo che la vita in questi regni superiori porta molta più gioia, la nostra ricerca spirituale continuerà lì.Quando qualcuno merita il diritto di entrare (o trasferirsi in) questo piano di esistenza (e alla fine accadrà a tutti noi attraverso i nostri sforzi in molte vite), è convinto che questo è il livello delle migliori qualità umane - e molto di piu. È la sede della mente astratta - la corrispondenza più alta della mente discriminante - dove la comprensione intuitiva (it a volte chiamato conoscenza diretta).

Questo è il Regno in cui l'Amore saggio e la Sapienza amorevole regnano sovrani! Compassione, altruismo e pura ragione riempiono l'atmosfera.Questo è il "Cielo", dove tutti sono uniti da una Volontà ardente, concentrata e determinata a servire il Piano Divino. Questi sono i tre aspetti principali, oi tre Raggi di Energia Divina. Spazio! In quei rari momenti in cui raggiungiamo il nostro più alto stato di gioiosa coscienza amorevole, quando sperimentiamo i nostri pensieri più sottili, tocchiamo solo il riflesso inferiore di questa vera casa del nostro Sé spirituale (ne parleremo più avanti). Ma va notato che quegli esseri che hanno superato il livello fisico nel loro sviluppo e la cui coscienza è concentrata in questi, come li chiamiamo mondi spirituali, percepiscono tutto in un modo completamente diverso, non nello stesso modo in cui lo percepiamo noi. Naturalmente, questo c'è da aspettarselo, perché la loro prospettiva è molto più alta e più ampia della nostra.

Un altro punto importante: tutto ciò che tu, io o chiunque altro sappiamo veramente sono i nostri pensieri e sentimenti. In definitiva, è impossibile provare con assoluta certezza che esiste qualcosa di diverso dalla coscienza. Non devi pensare a lungo per esserne convinto. Ma i "giochi mentali" non sono l'intenzione di questo libro. Ci sono molte ragioni importanti per cui esiste ciò che percepiamo come il mondo esterno, e questo dovrebbe essere preso sul serio. Torniamo all'energia.

Quando iniziamo a renderci conto che "tutto è energia", che tutta l'energia ha il potenziale per essere buona o cattiva (per noi) e che qualunque cosa con cui entriamo in contatto ci influenza in qualche modo, iniziamo a vedere le differenze molto meglio tra le forze. Qualsiasi luogo, qualsiasi persona, albero, tempo atmosferico, rumore, canzone, colore: tutto, in una certa misura, contribuisce alla crescita della nostra coscienza o la rallenta.Quindi, quando qualcuno inizia a rendersi conto che Tutto è Energia, e imparare il linguaggio dell'energia è il passo più importante nell'evoluzione spirituale di questa personalità! Possiamo capire l'energia come ciò che percepiamo a livello dei sensi fisici, ma le energie veramente significative sono estremamente sottili e possono essere percepite solo con l'aiuto dei nostri corpi energetici (spirituali) superiori (e dei loro centri) che hanno la vibrazione appropriata frequenze. Una piccola digressione.

Quanto sopra spiega perché dovremmo, quando possibile, usare i "doni della natura" nel loro stato naturale - quando le energie sono meglio bilanciate e si completano a vicenda, ottenendo l'effetto più benefico. Dobbiamo capire che il tutto non è affatto la somma delle sue parti! Il tutto, e solo il tutto, contiene tutta l'essenza interiore della Vita. Ecco perché quando smontiamo un prodotto naturale e proviamo a isolare, concentrare e raccogliere la sua essenza, spesso molto è irrimediabilmente perso. Tale stupidità ci ha già fatto molto male: malattie, tossicodipendenza, altre dipendenze, ecc. Che si tratti di energie "fisiche" o "sottili", che si tratti di isolare le vitamine dal cibo o l'energia luminosa dalla luce solare, dobbiamo comprendere:Dobbiamo capire che anche le forme inferiori di energia non sono solo forze cieche: hanno un proprio ritmo di vibrazione e corrispondono alle manifestazioni superiori di energia.

Ad esempio, è noto che le proporzioni nel nostro sistema solare (le orbite dei pianeti, ecc.) sono direttamente correlate a ciò che percepiamo come armonia musicale, forme geometriche, rapporti matematici e così via. È dovuto all'onnipresenza di proporzioni e rapporti corretti che le persone percepiscono inconsciamente alcuni suoni e forme come belli e altri come "brutti" e alla fine imparano a usarliproporzioni e relazioni corrette in tutti i loro affari. Questo da solo dovrebbe essere sufficiente per mostrare ai più grandi scettici che l'intero universo è basato su un'unica idea, un piano. Chiariamo: il Piano Divino. Se si parla di creazione, è noto che in varie tradizioni religiose tutto inizia con una parola o un suono. Il suono avvia o, almeno, accompagna l'inizio della manifestazione fisica. È giusto. Il suono, udibile o impercettibile, accompagna la creazione (e la distruzione) della materia, così come la luce (e la gamma elettromagnetica di energie ancora superiori) è creatrice ai massimi livelli. Quando questa vibrazione che accompagna l'universo raggiungerà la piena armonia, avremo una sinfonia di sfere, il cosmo raggiungerà il suo completo completamento e saremo in grado di immergerci nella pace silenziosa.

Per riassumere: Materia-Spazio = Energia = Coscienza; è tutto uguale, ma è percepito in modo diverso a diversi livelli diilluminazione. Tuttavia, la Coscienza è ancora primaria; in effetti, questo è l'universo. Tutto è Vita Consapevole! Sì, ogni atomo, molecola e cellula, ogni pietra, ogni pianta, per non parlare di ogni galassia, stella o pianeta - ogni cosa è dotata della propria energia intrinseca, della propria forma di coscienza. Inoltre, ciò che chiamiamo "spazio" in realtà simboleggia il più alto livello di Coscienza. Si dice: "Dio abita nelle lacune". Se sì, che significato ha questo per la scienza (o "arte") dell'astrologia?

Se vivessimo in un universo di materia, allora i principil'astrologia sarebbe difficile da riconoscere in alcun modo affidabile. D'altra parte, se l'intero universo è costituito da energie coscienti (di fatto, di grandi Esseri) che formano un'unità cosmica, questo, ovviamente, è evidente.di per sé non dimostra ancora i principi di base dell'astrologia, ma offre almeno un contesto in cui le energie di ciò che percepiamo come corpi cosmici possono influenzare noi e il nostro pianeta. Se la gravità, la luce solare e il "vento solare" a noi noti, i raggi cosmici e molte altre forze conosciute e sconosciute colpiscono il nostro pianeta a livelli inferiori (queste influenze possono essere misurate con l'aiuto di strumenti attualmente esistenti, ancora imperfetti), non possono energie stellari o planetarie hanno anche un effetto su di noi a livelli superiori che non è ancora misurabile dagli strumenti? La nostra giovane umanità non ha nemmeno iniziato a studiare la miriade di energie e forze che formano il nostro cosmo. Ci sono altri livelli e gamme dell'essere che non possiamo nemmeno immaginare.

Vediamo dove ci porta questa linea di ragionamento. Se (come affermano gli Insegnamenti di Saggezza) l'Universo è la distesa infinita della Vita, la Mente Cosmica che abbraccia tutti i livelli di coscienza e si estende dal "sonno senza sogni" della pietra all'incomprensibile, grandiosa mente ardente del grande "Signore" della galassia - e oltre. Allora, cos'è esattamente la coscienza? Naturalmente, questo è qualcosa di molto più e molto diverso da tutto ciò che noi umani possiamo comprendere oggi con le nostre menti molto limitate. È ovvia l'impossibilità di determinare le qualità di quella coscienza posseduta da regni superiori, inferiori o paralleli: per questoabbiamo bisogno di avere un livello di coscienza comparabile. Dal momento che l'umanità occupa solo una piccola parte in una gamma molto ampia di Coscienza-Vita, non c'è bisogno di parlarne.

Al primo tentativo di dare una definizione di coscienza, incontreremo subito i gravi limiti delle nostre lingue europee - lingue in primis del commercio e della tecnologia, quasi estranee allo Spirito. Il significato attribuito alla nostra parola "coscienza" è ridotto al regno della ragione e del sentimento, perché è qui che l'umanità si polarizza, e quindi la parola stessa non può significare nulla che vada al di là di queste funzioni.Ma il linguaggio modella (e limita) i nostri concetti!

Inoltre, le persone coinvolte nella fisica sono solitamente concentrate nella loro mente concreta (inferiore) e percepiscono tutto a questo livello. Non sono in grado di vedere chiaramente ai livelli più alti e astratti della coscienza umana, e quindi è difficile per loro comprendere questi mondi più sottili.(Ci sono ragioni per questo, e ne parleremo più avanti.) Non appena la nostra coscienza si espande e sale a un livello tale da catturare già la sfera dell'amore-saggezza (una sfera molto importante!), iniziamo a capire quale enorme potenziale abbiamo e quali enormi doni superiori ci aspettano.

Forse non lo capiamo immediatamente, ma quando iniziamo a relazionarci con la vita con senso di responsabilità e buona volontà, entriamo nel Sentiero (che noi stessi creiamo) - il percorso spirituale più alto di cui tutti parlanoreligione. Una responsabilità. Buona volontà. Attenzione. Grazie a loro, la saggezza viene gradualmente acquisita nel corso di molte vite. Con lo sforzo e col passare del tempo diventando abbastanza saggi e puri, alla fine smettiamo di essere animali di auto-elogio e iniziamo a sperimentare e vivere la nostra Divinità interiore. In questo modo acquisiamo sia il desiderio che la capacità di diventare veri servitori del pianeta.

A questo passo più importante, iniziamo a svolgere il nostro ruolo destinato nel regno umano, cioè diventiamo co-creatori coscienti! E insieme ad altri esseri di tutti i regni, con il supporto spirituale, iniziamo a lavorare sul processo di attuazione del Piano Divino.Sappiamo come ciò sia accaduto nel corso della storia attraverso le biografie di personalità straordinarie - quegli artisti, filosofi, insegnanti spirituali e scienziati che hanno aiutato e stanno aiutando a sviluppare la nostra vera civiltà. Questi esseri altamente sviluppati sono spesso chiamati luminari o torce, perché hanno una Luce interiore che riflette un alto grado di saggezza e pura intelligenza, irraggiungibile per la maggior parte delle persone. Ma dovete sapere che è in questa direzione che la maggior parte dell'umanità si sta gradualmente precipitando, e questo processo continuerà nell'era a venire. È interessante notare che molte di queste persone probabilmente non sapevano nemmeno che stavano aiutando l'evoluzione planetaria.

Possiamo pensare che la coscienza sia l'accumulo di ciò che abbiamo assorbito attraverso i nostri sensi ed elaborato con la nostra mente. Ma ripeto: la più alta illuminazione ci arriva attraverso i nostri centri superiori, centri energetici, che in alcune tradizioni sono chiamati chakra (ne parleremo più avanti), e non attraverso i nostri sensi fisici. Poiché il nostro pianeta è circondato e permeato da innumerevoli energie emanate da sorgenti cosmiche e solari, nonché dalle forme pensiero della nostra vita planetaria a tutti i livelli, sarà appropriata l'analogia con la sintonizzazione di un ricevitore radio: scegliamo quale di queste onde "presa". Ma irradiamo anche noi stessi! Ecco perché è così importante fare attenzione a relazionarsi con i nostri pensieri. Dopotutto, la mente è il "costruttore" a livello mentale e dobbiamo stare attenti a ciò che costruiamo. Ed è per questo che la preghiera e la meditazione sincere e disinteressate possono sintonizzarci su vibrazioni più elevate (ritmi), aiutandoci così ad "assorbire la Luce".

Diamo un'occhiata più da vicino all'analogia leggera applicata al livello di crescita spirituale. La luce nel senso letterale e figurato della parola inizia con la massima libertà. Entrando in contatto con la materia (materia impregnante, se si vuole), perde un po' di libertà, ma nello stesso tempo eleva la "coscienza" della materia. La penetrazione dello Spirito nella materia crea coscienza. Poi, nel tempo, queste energie spirituali separano quella parte della materia che ha ricevuto la Luce, permettendole così di ascendere, o continuare la sua crescita, nel regno in cui era: minerale, vegetale, animale, umano o altro. La restante parte non illuminata viene lasciata in attesa della prossima ondata, e questo processo continua fino a quando finalmente tutto viene "liberato", o raggiunge la "perfezione".

Questa è la vera evoluzione, l'evoluzione della coscienza. Liberazione della materia! Le moderne teorie scientifiche affermano che l'universo "rallenta" (la seconda legge della termodinamica), ma in realtà è proprio l'opposto: la coscienza inferiore (ciò che percepiamo come materia) sale alla coscienza superiore (spirituale). La "materia" si trasforma in energia — Energia Spirituale. Il vero Universo prende vita sempre di più. E noi siamo parte di tutto questo! Possiamo anche pensare che la "materia" esista solo sul piano fisico, ma anche i regni della coscienza hanno i loro livelli più grossolani o inferiori. Quindi qualcosa di analogo al processo sopra descritto avviene in tutte le dimensioni quando il lavoro di illuminazione "Una vita" supera l'inerzia di queste energie più basse e grossolane.

Un altro importante segreto: una caratteristica di tutta l'energia nel Nostro Universo Cosciente è il desiderio di equilibrio e armonia. Questa è una delle vie del Cosmo verso la perfezione finale. E sul piano fisico, ciò avviene grazie alla nota legge di azione e reazione. Dobbiamo capire che, come tutte le leggi fisiche, ha corrispondenze superiori su piani superiori. Nel regno umano, l'equilibrio e l'armonia sono infine raggiunti attraverso la giustizia. Ciò significa che nulla "passa senza lasciare traccia" - con le nostre azioni o moltiplichiamo ciò che ci viene dato o togliamo questi doni. Alla fine, tutto si bilancia.Infatti, "ciò che seminiamo, allora raccoglieremo!"

Ai livelli occupati dalle nostre personalità (fisiche, emotive, mentali), la manifestazione di questa legge nel tempo è chiamata karma. Stiamo guadagnando e continueremo a guadagnare"karma positivo" o "negativo" a seconda delle nostre azioni. È importante capire che il karma esiste non per punirci, ma per insegnarci. E quando raggiungeremo un livello in cui usiamo la nostra mente, amore e saggezza per non provocare azioni (ragioni) sbagliate, non dovremo più soffrire per le contrattazioni (conseguenze) delle forze che mettiamo in moto. Poniamoci ora la domanda: possiamo anche provare a comprendere l'infinito, questi regni superiori, la Mente di Dio? Certo che non possiamo!

Ma possiamo discernere alcuni dettagli degli aspetti e degli attributi divini al nostro livello inferiore di esistenza. Questo ci riporta alla fonte di Tutto: la Vita Cosmica, dove tutto «vive, si muove ed ha il suo essere» (cfr At 17,28). Come possiamo noi, che siamo solo allo stadio umano del sentiero divino, conoscere l'Inconoscibile? Cosa possiamo sapere sulla Divinità assoluta di tutte le religioni?il Principio Universale e le "Leggi della Natura", come lo chiamano gli scienziati, su questo Universo Infinito Vivente, Onnisciente, Tutto amorevole in cui noi e tutto il resto abbiamo un ruolo così importante da svolgere? In primo luogo: cercando di scoprire qualcosa sulle energie universali (cioè universali), ci scontriamo ancora e ancora con i numeri "tre" e "sette", con la trinità e il settenario. Ecco alcuni esempi dei sette nell'universo:

I sette colori dell'arcobaleno.

Sette note.

Sette tipi di strutture cristalline.

"Sette buchi" nella testa umana.

Sette chakra principali di energia.

Sette periodi di vita della vita (ne parleremo più avanti).

Sette meraviglie del mondo.

Sette giorni dalla creazione e sette giorni in una settimana. Anche i sette peccati capitali.

E questo elenco può continuare all'infinito. Quanto alla trinità: da un punto di vista scientifico, ogni energia, tutto ciò che si manifesta è costituito dalla polarità e dalla forza generata da questa polarità. I poli positivo e negativo e la forza da essi generata sono sempre la triplicità, a partire dall'atomo e fino al Cosmo nel suo insieme. Un'altra qualità che ogni espressione della Vita possiede è che in ogni cosa, compreso l'intero Universo, si alternano attività e calma apparente. Negli Insegnamenti di Saggezza, questo è chiamato rispettivamente manifestazione (manifestazione) e pralaya. Nel prossimo futuro, gli scienziati impareranno molto di più sull'universalità di questo fenomeno.

Negli insegnamenti religiosi di tutto il mondo, i numeri tre e sette sono molto comuni.Ovunque si dice che l'Unità Assoluta, o Dio, si manifesta in tre aspetti. Nel nostro regno umano, possiamo comprendere questi tre aspetti come:

1. Volontà Divina;

2. Amore divino;

3. Mente Divina.

Tutte le religioni sono basate su questa Trinità e la deificano sotto forma di Divinità personificate. Nel cristianesimo patriarcale, questo è il Padre, il Figlio e lo

Spirito Santo, nell'induismo ortodosso - Shiva, Vishnu e Brahma, in altre religioni - il divino Padre, Madre e Figlio, ecc. Sono collegati con i primi tre Raggi Cosmici. Ai livelli superiori, quattro ulteriori qualità (o Raggi) sono attribuite al Terzo Raggio, la Mente Divina. Presi insieme, formano sette. Diamo il nome di ulteriori Raggi:

Raggio 4: Armonia-Bellezza per sforzo o lotta; Raggio 5: Conoscenza concreta;

Raggio 6: Idealismo e devozione;

Raggio 7: Organizzazione e Rituale o Ritmo creativo. In altre parole, coscienza spirituale superiore:

7) perfettamente organizzato,

6) rappresenta un ideale in ogni situazione

5) ha tutto conoscenza

4) crea perfetta bellezza e armonia,

3) si esprime profondamente intelligentemente e attivamente,

2) saggio, benevolo, pieno di amore,

1) ha la Volontà e il Potere per garantire che tutto fosse possibile.

Questi segni corrispondono ai Sette Raggi Divini. I sette raggi possono essere divisi in tre raggi di aspetto e quattro raggi di attributi. Queste sette energie coscienti, che permeano l'intero Universo e, tra le altre cose, determinano le qualità della nostra personalità, provengono da un Principio immutabile e inconoscibile - chiamiamolo così per mancanza di una parola migliore.Molte religioni del mondo lo chiamano Dio.

Più avanti in questo libro continueremo a parlare dei tre maggiori raggi cosmici di energia, così come di altri quattro, che insieme costituiscono il settenario spirituale. Ricordate i "sette spiriti davanti al trono" (vedi Apocalisse 4:5)? Tre e sette: questi numeri si trovano ancora e ancora negli insegnamenti sia religiosi che secolari.È molto importante sapere che tutta la vita nell'universo - dalla pietra al sistema solare - nasce sotto l'influenza di questi sette più potenti Raggi di energia cosmica, che agiscono in una combinazione o nell'altra.

In altre parole, nel nostro Universo Conscio, i Sette Raggi sono la forza trainante dell'evoluzione. Danno lo slancio necessario affinché tutta la vita si sviluppi ulteriormente, al passo successivo. Non ci sono raggi buoni o cattivi. Qualsiasi energia può essere usata in modo improprio! Il risultato dipende da molti fattori. Se parliamo di come questo si manifesta in una persona, il fattore principale è il livello di coscienza spirituale raggiunto. Ad esempio: la persona del "Primo Raggio", quella che dimostra il Raggio di Volontà e Potenza, è piena dell'energia di queste qualità. Ad un polo può essere un tiranno che domina attraverso la forza, il controllo, la crudeltà e valorizza solo il potere sugli altri. In una svolta più alta della spirale evolutiva, le persone di Primo Raggio, essendo leader per natura, usano la loro volontà per aiutare l'umanità e portarla avanti.

La persona di "Secondo Raggio" dimostra le qualità dell'Amore-Saggezza e può essere una persona debole, paurosa o innocua, oppure una persona che esemplifica compassione, altruismo, coraggio e saggezza nell'aiutare l'umanità. Queste sono le qualità del Cuore.Una persona caricata con le energie del "Terzo Raggio" della Ragione e dell'Attività può disperdere energia su azioni senza senso o cercare di manipolare gli altri a proprio vantaggio. Ma se è una persona illuminata in una certa misura, allora usa le sue capacità mentali per coordinare al meglio l'energia per elevare il livello della civiltà umana. Questo raggio è associato alla "Legge dell'Economia" (che si manifesta come efficienza).

Le persone del "Quarto Raggio", il Raggio dell'Armonia attraverso la Bellezza (o Conflitto), non sono noiose, amano litigare e possono anche essere litigiose. A loro piace correre dei rischi, si annoiano rapidamente con la sicurezza. Ma sono persone creative, spesso drammatiche e sgargianti, che possono creare un'incredibile bellezza nella forma, nella musica, nella letteratura, nel teatro, ecc. (Non è raro che attori e altre persone creative abbiano una natura litigiosa.)

Ma l'uomo del "Quinto Raggio", al contrario, a volte può sembrare noioso. Perché è il Raggio della Conoscenza Concreta o della Scienza. Nel peggiore dei casi, una persona del genere può impantanarsi in sciocchezze insignificanti. Ma questo Raggio (come il quarto) è il Raggio del regno umano. È Lui che ci porta a diventare esseri pensanti. Questo Raggio guida l'umanità verso la tecnologia e l'informazione (e lontano dal focus su emozioni e desideri). Ora tale influenza è molto necessaria.

L'uomo del "Sesto Raggio" può condurci nell'abisso della mente ristrettafanatismo - o, se questa è una persona illuminata, alle vette dei più grandi ideali. Dopotutto, questo è il Raggio dell'Idealismo e della Devozione. Ha avuto una forte influenza sull'umanità negli ultimi secoli.

E infine, il Settimo Raggio è il Raggio dell'Organizzazione e del Rituale. Ora sta iniziando a influenzare il nostro intero pianeta e ci ha già dato (tra le altre cose) il tipo di burocrate che non vede nulla al di là delle sue regole e regolamenti.Ma grazie a questo stesso Ray, nasceranno gruppi e organizzazioni sia grandi che piccoli che daranno alle persone l'opportunità di realizzare il proprio potenziale. E, cosa molto importante, l'energia del Settimo Raggio permetterà all'umanità di conoscere e usare i ritmi ei rituali della Vita!

Abbiamo tutti incontrato persone che corrispondono alle descrizioni di cui sopra. Ma molto spesso le persone dimostrano le qualità di più di un raggio. Il fatto è che il nostro corpo fisico, i corpi emotivo (astrale) e mentale, l'"io" inferiore (personalità) e l'Anima stessa hanno il loro raggio. La loro combinazione determina ciò che saremo nell'incarnazione.Ed è molto importante evidenziare la loro sottile essenza dai nostri aspetti di cui sopra! La conoscenza dei Sette Raggi cominciò a essere rivelata alla mente umana alla fine del diciannovesimo secolo. Forse questo è il sacramento principale e più importante di quelli che oggi si manifestano fuori.

Molte informazioni sono ora disponibili sui Sette Raggi e sarà molto utile conoscerle.Se, comprendendo le energie divine e approfondendo nuove rivelazioni che ora sono disponibili per la coscienza umana, provi shock e paura, ricorda il lato "brillante" (o illuminato) della medaglia. Pensa al glorioso futuro che l'umanità ha in serbo se non perdiamo questa opportunità di elevare ed espandere ulteriormente la nostra coscienza. Certamente, alcuni preferiranno rimanere "attaccati" alle loro vecchie ideologie e sistemi di credenze e non trarranno vantaggio dalle nuove energie e dalle nuove opportunità di cambiamento e crescita. Ma pensiamoci bene: vogliamo rimanere dei "cavernicoli"? Anche loro probabilmente erano contenti delle loro credenze primitive. Quindi, ecco i punti più importanti che volevo trattare nella prima sezione:

L'Universo (Cosmo) nel suo insieme è un'energia cosciente. L'Universo (Cosmo) nel suo insieme è Unità. Questa Unità si manifesta nell'Universo come sette Raggi Cosmici di energia. L'Universo (Cosmo) lotta per l'equilibrio e l'armonia, che si manifesta nel regno umano come giustizia. Tutta la Vita si sostituisce incessantemente a vicenda gli stati di attività e di pace esteriore.

Esploreremo questi e altri argomenti in modo più dettagliato più avanti nel libro. Ma prima, dobbiamo chiarire qualcosa per noi stessi, senza il quale il nostro progresso verso l'alto è impossibile.

## L'universo Come Nostro Insegnante

Da qualche parte nel laboratorio, un simpatico topo bianco corre agilmente nel labirinto. Questo piccolo roditore conosce la sua strada e sa cosa lo aspetta alla fine: gli è già capitato di essere lì più di una volta. Abbastanza sicuro e senza problemi, arriva dove vuole. Quasi senza fermarsi, si alza sulle zampe posteriori, preme un bottoncino con il nasino e osserva con piacevole anticipazione come i granelli di cibo cadono da qualche parte dall'alto.Se potessimo leggere i pensieri dei topi, allora forse ora sapremmo quanto è orgoglioso questo animale di aver imparato a ottenere cibo gustoso e soddisfacente. Allo stesso tempo, non ha idea delle persone (sono al di fuori del suo campo).visione) che ora lo stanno guardando e che hanno concepito e messo in scena questo esperimento.

Pensiamo: siamo esseri umani così diversi da questo topo? Viviamo le nostre vite, "scopriamo" le nostre scoperte, "inventiamo" le nostreinvenzioni (e ottenere il nostro cibo). Non ci prendiamo il merito dei nostri risultati? Allo stesso tempo, non sappiamo la verità che ci sono esseri molto più saggi e più sviluppati che ci osservano da altre dimensioni. Esseri superiori che escogitano idee che promuovono il nostro progresso e creano nuove situazioni di apprendimento che ci porteranno - individualmente e collettivamente - alla fase successiva della nostra evoluzione. Molti inventori e ricercatori ammettono di essere stati aiutati da "lampi" di intuizione, sogni o intuizioni. È anche noto che molte invenzioni e scoperte furono fatte contemporaneamente in diverse parti della terra da persone che (consapevolmente) non si contattavano.

Siamo giunti al nostro secondo tema principale: l'universo che noi umani percepiamo con la nostra mente e i cinque sensi fisici non è altro che un ambiente di apprendimento perfettamente organizzato.Sì, quello che ci appare come un'infinita distesa di spazio con inclusioni occasionali di materia cosmica ("macrocosmo"), così come i nostri corpi fisici ("microcosmo") è in realtà un insegnante. L'insegnante è così perfetto, saggio e amorevole che, attraverso qualsiasi regno della natura si evolve una "unità di coscienza" (minerale, vegetale, animale, umana o altro) e a qualunque livello di sviluppo questa unità sia, l'ambiente circostante sarà sicuramente usato dal suo Sé Superiore per elevare questo individuo al livello successivo di illuminazione. Ogni evento, ogni esperienza che abbiamo nella vita ci offre l'opportunità di imparare qualcosa. Molto spesso l'esperienza viene ripetuta più e più volte fino a quando finalmente non impariamo da essa.

E ancora, parliamo della necessità di sviluppare consapevolezza. Il teatro della vita non è solo eventi ("spettacolo"), ma anche un palcoscenico con scenografia, anch'esso necessario per lo svolgimento dello spettacolo. La vita dei regni minerale, vegetale e animale ci insegna tanto quanto i cieli. Ma la cosa più importante, come già accennato, è sviluppare la qualità della discriminazione per tutta la vita. La discriminazione contribuisce alla percezione (e in definitiva alla creazione) delle corrette proporzioni e relazioni in tutte le cose. Sul piano fisico, proporzione e giuste relazioni danno ciò che percepiamo come vera bellezza, e la bellezza è una delle manifestazioni più basse dell'Amore Cosmico. Prendi, ad esempio, l'arte (qualsiasi): la vera arte nasce dal fatto che l'artista applica discriminazioni nella scelta e nella combinazione delle giuste proporzioni e rapporti, il cui risultato è la bellezza. E la bellezza è solo uno dei modi in cui l'universo ci insegna l'importanza di queste qualità: distinzione, proporzione, coerenza.

La vera arte in tutte le sue forme, dall'architettura alla tessitura, è la forma più bassa dell'Amore cosmico creato dall'uomo (sul piano fisico). Pertanto, le nostre creazioni sono la più alta manifestazione di una forma puramente fisica. Abbiamo tutti sentito dire che lo scultore, quando lavora con una pietra, taglia tutto ciò che non è necessario per liberare la bellezza in essa contenuta. Forse questo vale per tutte le manifestazioni d'amore: è ovunque, ha solo bisogno di essere rilasciato? Forse è lo stesso nella musica: il compositore non usa tutti i suoni possibili contemporaneamente, ma sceglie dalla loro varietà solo belli e,La conclusione è questa: dobbiamo rilasciare l'Amore Spirituale codificato e permettergli di rafforzare il nostro rudimentale Amore. Dobbiamo ricordare: ciò che percepiamo come "bontà, verità e bellezza" nel nostro mondo inferiore non è altro che il riflesso inferiore della Ragione, della Saggezza e dell'Amore nel mondo spirituale!

E, naturalmente, sviluppando in noi stessi la capacità di distinguere tra i rapporti corretti e le proporzioni, dobbiamo imparare a scartare tutto ciò che non contribuisce alla "bontà, verità e bellezza".Vediamo il processo in atto: nei regni inferiori (compreso il nostro stesso corpo), ciò che è utile viene assorbito e il resto viene rifiutato. E ciò che "non è utile" nei regni superiori può essere molto buono per quelli inferiori (una specie di catena alimentare chiusa). È così che si sviluppa quella che chiamiamo "la grazia della natura". Su un piano astrale superiore (emozioni e desideri), uno dei modi per manifestare l'Amore è l'arte delle corrette relazioni umane. A livello mentale, uno dei modi per manifestare l'Amore è l'arte della matematica superiore.

Ripetiamo ancora una volta: qualsiasi arte genuina, a qualunque sfera appartenga, è un riflesso inferiore, o una corrispondenza inferiore, della realtà spirituale superiore del puro Amore Cosmico. Richiede una distinzione che porti alla proporzionalità e alle giuste proporzioni.Così, quando diventiamo consapevoli dell'Universo come insegnante, una delle prime e più importanti intuizioni che ci vengono suggerite sono le corrispondenze, o somiglianze di relazioni.

Ecco alcuni esempi di corrispondenze: il risveglio e il sonno corrispondono alla vita e alla morte; stagioni - con periodi di vita; la vita di un individuo è paragonabile all'evoluzione dell'umanità nel suo insieme. (Ne parleremo più approfonditamente tra poco.) In effetti, tutto ciò che nella nostra esistenza fisica percepiamo come "buono, vero e bello" ha una corrispondenza più alta: qualche importante realtà spirituale!Questa non è altro che una legge universale - la Legge di Corrispondenza: "Come in alto, così in basso". Poiché ci sono corrispondenze all'interno di tutti i livelli di coscienza su cui ci troviamo, e tra loro, è proprio "sopra" che è la Realtà, e "sotto" (il mondo fisico con cui ci identifichiamo) è una realtà virtuale, più simile a una ombra!

Continueremo in tutto questo libro a fornire esempi di corrispondenze che indicano che la Vita è un mezzo di infinite potenziali lezioni. Parlando del fatto che l'universo è il nostro maestro, non dimentichiamoci di un altro grande aiuto dato all'umanità: di quei grandi Esseri illuminati che, di loro spontanea volontà, apportano enormi sacrifici per promuovere l'evoluzione sul nostro pianeta e in particolare nel nostro regno umano. Ma prima di parlare di più di queste grandi Anime, sottolineiamo innanzitutto che in definitiva ci sono solo due approcci filosofici al problema della realtà assoluta.

a) La scuola materialista sostiene che l'universo non ha uno scopo apparente. Tutto ciò che esiste, compreso il pensiero e il sentimento umano, è fatto di materia-energia fisica - o è una conseguenza del suo lavoro. E, per quanto ne sappiamo attualmente, l'umanità terrena è la più alta forma di intelligenza nell'universo.

b) Secondo l'approccio spirituale, l'universo ha uno scopo. Oltre alla dimensione fisica della realtà, ce ne sono altre. Questi mondi sono abitati da Esseri (o Vite) con altri livelli di coscienza che possono (e lo fanno) influenzare l'umanità.

C'è una credenza diffusa tra gli spiritualisti che almeno alcuni di questi Esseri (che vivono in dimensioni superiori o piani superiori) siano molto più saggi e abbiano capacità molto maggiori degli umani. Molti credono anche che almeno alcuni di questi Esseri si siano uniti volontariamente in un gruppo (qualcosa come un ashram planetario spirituale). E questi Esseri Divini si sono impegnati a fornire assistenza morale all'umanità, non interferendo con il nostro libero arbitrio, ma facilitando il movimento nella direzione che è coerente con lo scopo divino dell'Universo. In varie tradizioni religiose del mondo, i membri di questo gruppo sono chiamati in modo diverso: santi, angeli, maestri, ecc. Dal momento che sono al di là dei nostri concetti di genere e forma, ci riferiremo semplicemente a questi Anziani illuminati come Spiriti Guide o alla Gerarchia Spirituale del pianeta. (E uno degli obiettivi di questo libro è aiutare, anche se un po', ma ispirare gli altri ad aiutare questi Esseri Divini nei Loro sforzi per condurre l'umanità alla realizzazione del suo destino cosmico.)È anche molto importante rendersi conto che riceviamo la guida divina non solo da altri Esseri; abbiamo anche, e abbiamo sempre avuto, la nostra Guida Interiore, il nostro Sé Superiore, che vuole aiutarci a sfruttare al meglio le nostre opportunità.

In diverse tradizioni e sistemi di credenze, ci sono nomi diversi per questo aspetto del nostro grande "io": supercoscienza, "io" transpersonale, anima, angelo solare, angelo custode, ecc. In questo libro saranno usati come sinonimi. Ma va sottolineato che noi umani abbiamo un'Anima individuale, mentre i sottogruppi dei regni inferiori (animali, piante, minerali) hanno un'anima"gruppo". (Osserva il comportamento di stormi di uccelli, banchi di pesci, sciami di insetti, ecc. e ne capirai molto.)

Ma torniamo alle persone. Non appena iniziamo a capire che abbiamo la nostra personale guida superiore, per vivere in armonia con questo grande Essere e ricevere istruzioni da lui (infatti, l'intero Universo che percepiamo è l'espressione fisica del Grande Essere), enormi cambiamenti inizia dentro di noi. Iniziamo a percepire eventi e oggetti dal punto di vista della loro energia interna, e non della loro manifestazione esterna, e cerchiamo di capire quali lezioni dovremmo imparare da tutto questo. Naturalmente, non solo i "messaggi" ovvi dall'Universo, ma anche quelli più sottili possono insegnarci molto. Ad esempio, la nostra Anima crea spesso situazioni nello spazio e nel tempo che percepiamo come coincidenze, ma in realtà sono pianificate. Dobbiamo essere sempre sensibili a questoeventi (scientificamente chiamati sincronistici)! Questo è uno dei modi più comuni per guidarci e aiutarci nella vita. Molto è stato scritto sulle sincronicità. Probabilmente puoi ricordare i loro esempi nella tua vita. Ad un certo punto, hai avuto una piacevole (o spiacevole) sorpresa. Solo molto tempo dopo, in retrospettiva, hai capito come questo evento abbia contribuito alla tua crescita personale. È difficile sopravvalutare l'importanza del momento giusto, sia quando pianifichiamo che quando valutiamo gli eventi della nostra vita.

La conoscenza dei processi in corso conduce una persona sempre più lontano nel mondo della saggezza, e questo è precisamente il mondo, il mondo spirituale. Con l'accumulo e l'uso della saggezza, la velocità della nostra evoluzione aumenta drammaticamente! Ecco cosa significa: diventando abbastanza saggi da iniziare ad attingere a queste opportunità sempre presenti, progrediamo molto più velocemente nella nostra illuminazione spirituale e sperimentiamo le fitte dell'ignoranza molto meno frequentemente. Inoltre, quando questo è un aspetto molto importante dell'illuminazione, la vita diventa molto più chiara e cominciamo a vivere e ad agire in uno stato di maggiore pace, armonia, efficienza e con un autocontrollo sempre maggiore, se volete. Come già accennato, questo è il passo più importante della nostra evoluzione, a seguito del quale c'è una netta accelerazione.

A proposito di "evoluzione": continuiamo a ripetere questa parola, ma cosa si evolve effettivamente? La scienza ortodossa crede che sia una forma fisica che migliora gradualmente e si adatta al suo ambiente. C'è del vero in questo, ma in realtà la coscienza tradita a noi che vive dentro di noi, il nostro vero "io", si sta evolvendo. Nell'evoluzione della forma fisica (anche nella vita individuale) osserviamo solo corrispondenti cambiamenti. Ricordo che molti anni fa sentii questa frase: "Quando hai più di quarant'anni, hai la faccia che meriti". Penso che ci sia qualcosa anche in quello. Non è che una persona con lineamenti del viso più fini sia necessariamente più sviluppata spiritualmente, perché ci sono molti altri fattori coinvolti. Ma in generale, quando una persona diventa più illuminata, ciò si riflette nell'aspetto.

La forma fisica dell'uomo sulla terra stava gradualmente cambiando; è probabile che questo processo continui. Ma i cambiamenti più significativi sono avvenuti nelle capacità mentali: al servizio della nostra coscienza in continua espansione c'era un cervello sempre più grande e complesso. I dati antropologici mostrano che ogni nuovo tipo di persona era caratterizzato da un fisico meno robusto, ma era più sensibile. Alcuni potrebbero obiettare che mentre gli atleti continuano a stabilire nuovi record di forza e resistenza, noi umani stiamo effettivamente diventando più forti. Ma nuovi record sono stabiliti a causa del fatto che la tecnica migliora, le abilità si affinano, e solo per poco tempo nella fioritura fisica di un atleta, e per niente perché tutta l'umanità sta diventando più forte. Nemmeno l'uomo più forte può durare cinque secondi in un duello con un gorilla della stessa taglia, per non parlare dei grandi predatori.

Se la "sopravvivenza del più adatto" (fisicamente) è la forza trainante dietro l'evoluzione, allora perché noi umani abbiamo perso praticamente tuttopeli del corpo - anche quelli che vivono nelle regioni fredde estartiche? Difficilmente si può parlare di adattamento fisico qui. Ma se la forza trainante è l'espansione della coscienza, allora questa perdita ha un senso. L'uomo primitivo è stato semplicemente costretto a usare la sua mente primitiva per imparare a sopravvivere attraverso la capacità di costruire un'abitazione e fare vestiti per se stesso e, soprattutto, per domare il fuoco. Se vuoi, siamo stati costretti a "muovere il cervello", e questo atto ogni volta ci aiuta ad espandere la nostra coscienza e, in definitiva, a diventare più spiritualmente illuminati.

Spazzare l'intero regno umano sarebbe relativamente facile, ma cerca di sbarazzarti di tutte le mosche e gli scarafaggi! È generalmente accettato che un batterio, un lombrico o una margherita siano molto più adatti alla vita di noi, creature più complesse. Quindi non parliamo più di selezione naturale.Qualsiasi persona pensante che guardi al passato (o al presente) con gli occhi aperti vedrà molti esempi in cui le circostanze hanno ispirato o addirittura costretto noi umani ad espandere la nostra intelligenza. Continueremo a diventare più consapevoli, più saggi e più capaci di amare. In definitiva, la vita ha un obiettivo: l'illuminazione. E tutta la nostra esperienza serve a questo scopo! Parliamo di più dell'evoluzione della coscienza.

Come ogni altra cosa nell'universo, il nostro pianeta fisico è progettato per condurci continuamente alle fasi successive dell'illuminazione. La maggior parte delle persone considera ovvia sia la struttura fisica della

Terra, sia l'apparente casualità della posizione di foreste, mari, distribuzione dei minerali nelle viscere, ecc. Ma dietro questo incidente immaginario si nasconde un obiettivo più alto. Si noti che durante quel periodo della storia umana, quando finalmente abbiamo raggiunto lo stadio iniziale della mentalità, abbiamo immediatamente "scoperto" metalli e giacimenti di carbone e petrolio; imparato a trasformare la linfa di alcuni alberi in gomma e a produrre solidi trasparenti (vetro). Questa lista continua. Non era inevitabile (con un piccolo aiuto dall'alto) che le persone imparassero presto a costruire macchine e veicoli? Tutto questo non è così banale come potrebbe sembrare a prima vista. Ma a causa del fatto che acquisiamo conoscenza inconsciamente e perché "più conosci, meno rispetti", percepiamo le circostanze più incredibili come qualcosa di ordinario. E assolutamente invano. Molte persone sagge hanno sottolineato che a volte i più piccoli dettagli determinano se la vita sul pianeta, come la intendiamo noi, può esistere. E se così fosse,

Ecco alcuni esempi. Perché si formasse il carbone (il combustibile senza il quale la rivoluzione industriale è impensabile), il regno vegetale doveva evolversi (cioè crescere in termini di coscienza) allo stadio degli alberi. Quindi è stato necessario che questi alberi si decomponessero e, con una certa combinazione di fattori e pressioni quantitativi e temporali, il carbone si è rivelato nel corso di milioni di anni - notiamo, molto prima della comparsa dell'umanità. Per imparare determinate lezioni, a volte abbiamo bisogno di determinati materiali e questi materiali ci vengono forniti - questo è ciò che conta! In questo caso, le persone avevano bisogno di un'enorme quantità di carburante facilmente estraibile. Ha permesso di realizzare una serie di invenzioni che hanno portato l'uomo alla cosiddetta età industriale.

Qui veniamo ai metalli e ad altri tipi di "materie prime". Dal mio punto di vista, sono interessanti non solo per le loro proprietà, ma per il rapporto tra necessità e disponibilità. Ad esempio, ferro el'alluminio è assolutamente necessario nell'ingegneria meccanica. Eppure ampiamente disponibile. Ma cosa accadrebbe se, diciamo, oro e argento fossero abbondanti sul pianeta, mentre ferro e alluminio fossero rari? Allora l'industria, la tecnologia ei trasporti che abbiamo ora sarebbero semplicemente impossibili.

Un altro esempio di Pianificazione Cosmica: quasi ovunque sul pianeta le persone possono trovare cibo e acqua da bere. Se non ci sono fiumi o sorgenti, è sufficiente scavare un pozzo nel terreno e avremo acqua potabile fresca (che di per sé è meravigliosa). Se il terreno è ghiacciato, di solito è disponibile ghiaccio o neve da sciogliere. Inoltre, interi gruppi di persone sono, per così dire, appositamente programmati per vivere nelle condizioni più gravi. Attraverso questo, il pianeta fisico può essere completamente abbracciato dalla rete dell'intelligenza. Poiché il regno umano è destinato ad essere il "cervello globale" (fisico) della Vita planetaria, è stato necessario il passo successivo per l'attuazione del Piano Divino: l'instaurazione di un'interazione pacifica tra le comunità umane. Ciò è stato fatto attraverso l'interesse per il commercio.

Se il più necessario per la vita umana è distribuito in modo relativamente uniforme in tutto il pianeta, non si può dire questo di molte altre risorse utili. Minerali, carbone, petrolio, legno. Raramente è possibile trovare scorte di tutto questo in un unico posto. Alcuni gruppi di persone hanno enormi giacimenti di petrolio, ma non hanno ferro per costruire attrezzature per la produzione di petrolio. Altri hanno depositi di minerali, ma nessun carbone per fondere i metalli. Il resto è chiaro. Di nuovo, questa parte del Piano Divino. In primo luogo, una tale situazione serviva da stimolo per lo sviluppo del nostro intelletto; era necessario per rendere la nostra vita più confortevole. Ma a lungo termine, la cosa più importante era far interagire l'umanità e alla fine diventare "unità nella diversità". Torniamo all'industrializzazione.

Visto da un livello superiore, il suo raggiungimento più significativo non è nella mera quantità di prodotti prodotti, ma nel fatto che, per la progettazione, produzione e distribuzione di beni che hanno inghiottito il mondo intero, è stato richiesto che l'umanità si impegni e quindi si sviluppi il suo pensiero concreto.Finché non sviluppiamo un pensiero concreto, rimaniamo per lo più esseri emotivi e non possiamo andare molto lontano nel nostro percorso spirituale. Questo ci porta a un altro e molto più importante merito dell'era dell'industria e della tecnologia: si è naturalmente spostato nell'era dell'informazione e della comunicazione. Ma questo di per sé non è l'obiettivo finale.

L'obiettivo finale dell'umanità in questa era è realizzare il suo destino: essere un "cervello globale" integrato e il sistema nervoso del nostro pianeta.Quando negli eventi planetari non vediamo solo il "cosa" succede e il "come", ma comprendiamo anche il "perché", diventa sempre più ovvio: esiste un piano ancora più grande chiamato "Piano

Divino"! Ma che dire di quelle comunità che resistono all'interazione e rimangono isolate? È molto importante notare che coloro che predicano qualsiasi tipo di ideologia "isolazionista" agiscono contro il Piano Divino, che lo realizzino o meno. Le forze del male nel mondo non vogliono la cooperazione nell'umanità. La loro strategia è mantenere la disunione e la divisione.

Abbiamo molti esempi di culture stagnanti (relative, ovviamente) che sono state isolate dalle altre per molto tempo. Ma il nostro universo in evoluzione non tollera la stagnazione. Quando un individuo, una cultura o persino un sistema di credenze si blocca e resiste alla crescita, e la sua coscienza interiore si cristallizza, le energie del cambiamento vengono rilasciate! I risultati immediati di ciò a volte possono essere percepiti come spiacevoli o addirittura gravi. Ma il risultato a lungo termine è molto utile. Le stesse persone cheha dovuto sopportare shock, una vita molto più felice può ancora aspettare. Questo ragionamento, ovviamente, non dovrebbe in alcun modo giustificare, per non parlare di incoraggiare, la violenza di alcune persone, culture o sistemi di credenze sugli altri. Le persone illuminate cercano sempre di promuovere il progresso dei loro fratelli e sorelle mediante l'esempio personale e le opportunità amorevolmente fornite.

Espandendo la nostra coscienza, siamo potenzialmente in grado di creare e ascendere a stati dell'essere più felici. Continuiamo a ferire noi stessi e gli altri, non perché ci manchi di intelligenza o guida, ma piuttosto perché abbiamo ancora un'energia d'Amore sottosviluppata e siamo incapaci di empatia (o resistiamo a questo sentimento).In seguito capiremo quale ruolo svolgono gli altri regni in natura e come ci aiutano a svolgere il nostro ruolo in questo Universo Cosciente. Soprattutto, sono passi necessari nella spirale ascendente dell'evoluzione della coscienza. Forse ora possiamo considerare più in dettaglio lo stadio umano dell'evoluzione, che, ovviamente, è di maggior interesse per noi. Un viaggio spirituale (questo è anche ciò che si può chiamare evoluzione) è solitamente paragonato alla scalata di una montagna.

Tale confronto è appropriato per molte ragioni: nell'evoluzione è necessario compiere sforzi che vengono premiati, e gli errori portano a ritardi; è più facile quando sei guidato e istruito da qualcuno che ha già scalato la montagna lui stesso; più sali, più salisi apre all'occhio; quando ti avvicini alla cima, diventa chiaro che può essere raggiunta da più di un singolo percorso (sebbene più vicino alla cima, più vicini convergono tutti i percorsi), ecc. Ora lasciami prendere un'altra analogia. Non sarà un'ascesa spirituale su una montagna, ma un viaggio attraverso un intero continente. Immagina che inizi quando siamo in uno stadio di sviluppo primitivo semi-animale, e finisca nel nostro lontano glorioso futuro, quando siamo pronti a trasferirci in un altro regno più elevato, a volte chiamato il "Regno delle anime".

Iniziamo la storia. La massa di persone si trova sulla costa orientale di un grande continente. Gli viene detto che devono passare tutto questo vasto territorio e raggiungere la sponda occidentale. Al raggiungimento dell'obiettivo, viene loro promessa una grande ricompensa. Dato che andranno a piedi, il percorso si preannuncia lungo. Non è una gara, ma ci si aspetta che continuino ad andare avanti. Lungo la strada mangeranno frutta e bacche, verdura, noci e cereali e berranno acqua di fiumi e sorgenti. Con un piccolo sforzo, saranno in grado di dotarsi di tutto ciò di cui hanno bisogno. Tra loro ci sono persone che hanno già avuto l'opportunità di effettuare un tale reinsediamento in precedenza. Vanno da un colono, poi da un altro, e parlano di quale grande ricompensa li attende, e anche del fatto che puoi risparmiare tempo se in alcuni luoghi "via tagliata".

Ma poche persone li ascoltano.

Quindi, le persone si radunano in gruppi e si avviano lentamente per la strada. Poiché un'enorme massa di persone era dispersa lungo l'intera costa, la maggior parte dei gruppi opera in modo quasi autonomo. Alcuni gruppi vanno avanti per diversi giorni, poi, stanchi della strada e trovando un posto adatto, si fermano un po'. Altri li superano finché non decidono di riposarsi. Passa un po' di tempo, e ora i gruppi si sono dispersi su un vasto territorio: alcuni sono andati molto avanti, mentre altri si sono mossi appena.

A volte i gruppi discutono tra loro. Di solito sorgono disaccordi tra chi segue l'invito ad andare avanti e chi l'ha assaggiatoil fascino di una vita stabile e, avendo perso interesse per la ricompensa promessa alla fine del viaggio, vuole rimanere al suo posto. Sotto l'influenza di energie opposte, in alcuni gruppi si verifica una scissione: alcune persone continuano ad andare avanti, mentre le altre non vogliono lasciare le proprie case. È difficile per chi è avanti, ma viene premiato per il proprio lavoro. Hanno bisogno di nuove conoscenze - e le ottengono. Chi decide di stare in un posto spende sempre più energie, consolidando e ripetendo ciò che già sa. Prima o poi arriva inevitabilmente il disastro: un'alluvione, o un terremoto, o un terribile uragano. Quindi alla fine anche loro devono andarsene.

A volte i migranti notano che nuove persone si sono unite a loro da qualche parte: individui o gruppi. Questo è spesso risentito perché i nuovi arrivati non sono andati fino in fondo dall'inizio, ma riceveranno la stessa ricompensa alla fine del viaggio. (Vi ricorda qualcosa?) E non solo per questo: occorre insegnare alle nuove persone ciò che gli altri hanno imparato dalla loro esperienza. Ti sembra ingiusto? I "vecchi" preferiscono non ricordare che loro stessi sono stati aiutati molto: dal dono della vita in quanto tale a tutti gli altri doni che hanno in arrivo. In effetti, tutto è un dono dell'Alto.

Servire uno scopo più alto e aiutare gli altri era il minimo che potevano fare. (Ma in generale, noi umani siamo ingrati per gli infiniti doni che ci sono stati concessi.)Durante il lunghissimo periodo di questo viaggio, quasi ogni gruppo ha avuto la possibilità di essere in prima linea in un momento o nell'altro. Ma quasi inevitabilmente, le persone si sono calmate, sono diventate compiacenti e l'altro gruppo le ha superate. Molto spesso, coloro che erano momentaneamente avanti si convincevano (e tutti coloro che erano disposti ad ascoltare) di essere molto migliori degli altri. Quando finalmente il primo dei gruppi ebbe risalito l'ultima catena montuosa, e i viaggiatori videro quel luogo meraviglioso verso il quale tendevano, mandarono un messaggio e, come meglio potevano, affrettarono gli altri affinché anche loro condividessero con loro il grande ricompensa. Ma alcuni sono così abituati a vivere nelle pianure sconfinate che non hanno creduto in una vita più gloriosa e hanno preso la fatidica decisione di rimanere dov'erano.

Questa parabola ti sembra troppo semplicistica? Forse. Ma questo è il modo in cui guardiamo a coloro che sono ai livelli più alti e stanno cercando di aiutarci. Quanti di noi resistono al cambiamento (crescita)? Quante volte ci aggrappiamo al familiare? Consciamente o inconsciamente, scegliamo noi stessi la nostra strada e la seguiamo. E poiché siamo tutti diversi, e dovremmo esserlo, ogni percorso è unico. Tuttavia, tutti i percorsi (in senso figurato) passano attraverso gli stessi fiumi, deserti, paludi e montagne. Li percepiamo come ostacoli, ma servono tutti come lezioni necessarie per noi. Quando li superiamo, diventano pietre miliari sul nostro cammino verso l'illuminazione.

Come previsto, il nostro viaggio umano è iniziato con la creazionepersonalità isolata ed egocentrica. Una personalità che dobbiamo cambiare e trasformare - e lo faremo sicuramente. La trasformazione si ottiene attraverso il fuoco della mente e porta alla formazione di un Essere Spirituale illuminato. Questo processo richiede un completo riorientamento dalla nostra focalizzazione sul piccolo "io" all'autoidentificazione in definitiva con la vita più grande - con la Vita che abbraccia l'intero pianeta! Qui ci si può porre la domanda: perché dovremmo creare un'individualità forte, se alla fine dobbiamo abbandonarla per il bene dell'insieme? L'individualità doveva essere creata per sviluppare il libero arbitrio, perché vanno fianco a fianco.

Quindi dobbiamo imparare a usare correttamente il nostro libero arbitrio. Intelligente all'inizio, poi con Saggezza-Amore. Questo processo è necessario se vogliamo diventare un ingrediente attivo, non meno che un co-creatore, nella grande opera di dispiegamento del Piano Divino. Come co-creatori, useremo i nostri talenti e capacità individuali per contribuire con tutto ciò che è necessario per l'ulteriore illuminazione dell'umanità. Questo processo richiede che diventiamo responsabili, impariamo la pazienza, apriamo i nostri cuori e cominciamo a servire l'umanità! Come individui, siamo solo piccoli granelli nell'universo. Ma la nostra Anima è un ologramma dell'universo e contiene il potenziale del Tutto. Pertanto, dobbiamo rilasciare la nostra porzione di materia, spingendoci verso l'alto dalle nostre personalità e rispondendo così all'eterna attrazione della nostra Anima.

Stiamo progredendo dall'anima del gruppo animale all'anima dell'uomo come individuo con libero arbitrio. Poi, nel tempo, acquisiamo le qualità di Amore-Saggezza e diventiamo così co-creatori illuminati nel Piano Divino dell'universo. È sempre stato un mistero come all'improvviso (sulla scala della storia naturale), in assenza di un "legame di collegamento", siano apparse razze di persone molto diverse e molto più sviluppate. La scienza propone postulati non coerenti con il buon senso e le nostre religioni generalmente ignorano il problema stesso o, in casi estremi, si riferiscono alla provvidenza di Dio. A proposito, in questo caso la religione è più vicina alla verità.

Va qui sottolineato che anche gli Esseri Spirituali agiscono secondo la Legge. In altre parole, i mezzi del piano fisico sono usati per ottenere i risultati del piano fisico. È interessante notare che in questo momento, quando si stanno sviluppando i prototipi di un nuovo modello di umanità, molte persone riferiscono di essere state "rapite" in strane astronavi, controllate da strane (per noi) creature, e che sono stati condotti esperimenti genetici su loro lì. Sono inoltre documentati strani casi di "mutilazione" di animali, in particolare bovini, dai quali sono stati rimossi chirurgicamente organi e talvolta sangue, materiale che può essere utilizzato per "mutare" gli animali. Inoltre, nel regno animale compaiono costantemente nuove specie. (E consiglierei di guardare cosa succede alle specie bovine nel prossimo futuro.)

Sembra che coloro che accettano gli UFO come realtà tendano ad aderire al paradigma "alieno". Suggerirei di guardaresvelare il mistero "più vicino a casa": nell'area di confine tra il piano fisico e la successiva dimensione vibrazionale superiore (si chiama "piano eterico"). Sebbene queste dimensioni energetiche abbiano le loro "ragnature" protettive e frequenze vibrazionali diverse dalle nostre, non sono impenetrabili per quegli esseri a cui è stato ordinato di aiutare il nostro processo evolutivo. (Più avanti in questo libro parleremo di queste creature e di cosa può accadere con la loro partecipazione.)

Da tutto quanto già detto in questo libro ne consegue che la Vita è un continuum, tutto fa parte di qualcosa di "più alto e più grande", tutto è interconnesso e interdipendente, tutto è unità nello spazio e nel tempo. Tutto è eterno e si muove in una spirale che porta a livelli più elevati di coscienza, o illuminazione.Cosa significa questo per noi nel nostro regno umano? Come siamo collegati, ad esempio, con una galassia lontana?

Cominciamo dall'inizio - con il corpo fisico di una persona. Sappiamo che è costituito da ossa, muscoli, sangue, organi, ecc. Sappiamo anche che questi componenti sono costituiti da cellule, che sono costituite da molecole, che sono costituite da atomi, che sono... beh , il quadro è chiaro: tutto è interconnesso e interdipendente.E torniamo di nuovo alla corrispondenza: "Come sopra, così sotto" o, in questo caso, "Come sotto, così sopra". Noi, come individui, facciamo parte del regno umano, e il regno umano è pensato per essere il sistema nervoso globale del pianeta, ed è lì che si sta evolvendo. Tutti i regni (sia fisici che non fisici) di qualsiasi pianeta formano il "corpo" di quel pianeta. Questo "corpo" fornisce il guscio per la Vita planetaria. (Proprio come il nostro corpo fornisce una "casa" temporanea per la Vita che vive in noi, il vostro vero sé e il mio.)

A sua volta, ogni pianeta è uno dei "centri energetici" o "centri di coscienza" nella Vita del grande Essere Solare. Qualsiasi sistema solare è uno dei centri energetici di un'Essenza spirituale ancora più grande e più sviluppata. E questo Essere, a sua volta, è anche uno dei centri di una Vita ancora più grande, e così via: costellazioni, galassie, metagalassie... Tutto questo preso insieme è il nostro Universo Vivente! Dio panteista.E a questo proposito, vorrei sottolineare ancora: quando guardiamo il cielo, quello che vediamo con i nostri occhi è solo un vago riflesso, un'ombra, se vogliamo, delle colossali energie che ci circondano e il nostro minuscolo pianeta.

Lo splendore e la Gloria degli Esseri che vi abitano sono correlati alle minuscole menti delle persone, poiché le loro dimensioni gigantesche corrispondono alle nostre. Prova di? Cominciamo con l'ovvio: bellezza, armonia, ordine in paradiso. Dal corso di fisica (e dai nostri programmi spaziali) è noto che affinché un oggetto rimanga in orbita, deve raggiungere una determinata distanza orbitale e velocità relativa all'oggetto attorno al quale ruota. Se si muove troppo in basso o troppo lento, la gravità lo attirerà (pensa ai satelliti artificiali caduti). E se la distanza o la velocità è troppo grande, scomparirà dal campo gravitazionale. (Ancora una volta, ricorda i satelliti che sono fuggiti nello spazio.) Tali incidenti accadono, sebbene le migliori menti e tecnologie dell'umanità siano coinvolte nei programmi spaziali. E dovremmo credere che innumerevoli miliardi di rocce morte (pianeti) e soli siano finiti nelle loro orbite ideali per caso? No, queste relazioni armoniose sono mantenute grazie alla perfetta Coscienza di questi esseri cosmici. Ma anche loro hanno fallimenti, anche se questo accade abbastanza raramente.

Dobbiamo ricordare che anche il nostro pianeta e il nostro sistema solare, come altri sistemi solari, crescono e si sviluppano (nelle loro dimensioni superiori) con tutto il suo inimmaginabile (per noi) alto livello spirituale. E quando attraversano i loro "dolori della crescita", si riflette su di noi! Questo potrebbe spiegare molti dei miti e delle leggende eterne che troviamo in tutte le antiche culture del mondo: miti su giganti, dei e dee che compiono azioni sovrumane. Questi sono riflessi inferiori semplificati e personificati delle vaste energie cicliche che sono state al lavoro sul nostro pianeta e nel sistema solare per miliardi di anni. Sebbene questi importanti eventi cosmici fossero vestiti nella semplice forma di fiabe per menti non del tutto mature, c'era in essi una verità più alta. Miti e leggende sono uno dei modi per rivelare le verità più alte all'umanità in modo allegorico.

Un altro punto importante: anche se sembra che il "paradiso" lontano, infatti noi siamo dentro di loro.

Questa illusione di distanza è dovuta al fatto che la nostra percezione è focalizzata sul piano fisico o su altri piani inferiori. Sul piano fisico, tutto sembra oggettivo e separato. Ma sui piani superiori, dove risiede il nostro Spirito, non c'è separazione (come la immaginiamo) e tutte le energie interagiscono tra loro. Ad esempio, gli astronomi dicono che la nostra Terra si trova nel nostro sistema solare, che si trova nella Via Lattea, ecc. Questo è l'inizio di un'importante verità. Infatti, nel nostro superioredimensioni, siamo all'interno del corpo energetico, l'aura di questi grandi Esseri (nella gerarchia ascendente). Ognuno di noi è veramente un bambinostar"!

O, in altre parole, siamo cellule nel corpo di Dio. Ecco perché siamo profondamente colpiti da questi corpi celesti (in realtà Esseri) proprio come gli eventi che ci accadono influenzano ogni cellula del nostro corpo. È necessario comprendere che il Cosmo è interamente costituito da potenti energie, o Vite, e noi siamo una piccola parte della Vita Cosmica e siamo soggetti alla sua influenza. Ecco perché alcune delle migliori menti dell'umanità nel corso della storia hanno studiato l'astrologia. (Questa non è, ovviamente, un'astrologia da tabloid.) Usando metodi e intuizioni scientifiche, la vera astrologia non è altro che un tentativo di comprendere e descrivere l'origine e il funzionamento della grande Vita. Sebbene gli astrologi seri siano i primi a riconoscere che la loro scienza (o arte) deve ancora penetrare la superficie della realtà cosmica, anche adesso lo studio dell'astrologia rivela molto.

## La Vita Dell'individuo Come Riflesso O Modello Dell'evoluzione Umana

Continuando il tema di questa sezione (l'Universo come nostro maestro perfetto), poniamoci la domanda: la nostra stessa vita può essere la nostra maestra se impariamo a vederla da un livello superiore? E se la vita di una persona dal concepimento alla morte fosse in realtà un modello, o una mappa, dell'evoluzione umana? La scienza ortodossa lo sa in linea di principio poiché la legge biologica "l'ontogenesi riflette la filogenesi". Ma, ancora, la scienza applica questa legge solo all'organismo fisico. Lo applicheremo anche alla coscienza spirituale, che è certamente l'essenza del Tutto, e quindi da questo punto di vista cercheremo di immaginare il futuro.

Sappiamo bene che l'embrione umano ripete prima la fase vegetale dello sviluppo evolutivo, poi quella animale (pesce, anfibi, mammiferi, ecc.), e solo allora assume una forma propriamente umana. Questo ci mostra la nostra evoluzione passata e ci ricorda che i nostri corpi fisici sono collegati ai regni inferiori. Si può dire che durante il resto della gravidanza fino alla nascita, l'essere nel grembo materno è una "personalità" umana in via di sviluppo.

Nel frattempo L'anima osserva e attende che si formi il guscio fisico e che nasca il momento giusto. Il mondo in cui viviamo non è perfetto e gli eventi a volte non stanno andando come previsto. Pertanto, può accadere che l'anima decida di non incarnarsi questa volta, e il processo di gravidanza si conclude con un aborto spontaneo. o un parto morto; o il bambino potrebbe morire improvvisamente. Le ragioni possono essere fisiche (salute) o spirituali; questi ultimi ci sono ancora incomprensibili al nostro livello di sviluppo. E, sebbene questa possa essere percepita come una tragedia, questo essere si incarnerà poi in un altro corpo, magari anche nella stessa madre o nella stessa famiglia, quando le condizioni si faranno più idonee. In effetti, la vita non è mai persa!

Eternal Wisdom ci dice che la Superanima (Angeli? Dio? Spiriti Guide?) vegliava sugli uomini e le donne subumani e bestiali finché non furono preparati ad accettare la propria Anima ciascuno. Quindi iniziò una nuova fase nello sviluppo dell'umanità. Questo evento importante è avvenuto milioni di anni fa. L'onda della vita umana continuerà per altri milioni di anni e, in futuro, la maggior parte delle persone lascerà il piano terreno e si sposterà verso quella che ora percepiamo come Coscienza Spirituale.

Ma torniamo a quel momento importante in cui inizia un nuovo ciclo di incarnazione. Nasce un bambino e fa il suo primo respiro, l'Anima si connette finalmente con un minuscolo corpo e la creatura diventa un vero Umano! Per facilitare questo evento, sul bambino vengono spesso eseguiti alcuni rituali di nascita, ad esempio il battesimo. Qui, tra l'altro, si può notare che la posizione degli oggetti celesti al momento della nascita può dire molto al Saggio su dove (relativamente parlando) si trovava questa Anima dopo aver lasciato il ciclo di vita precedente, e cosa deve impara nel nuovo ciclo di vita che inizia ora.

Ora andiamo avanti e parliamo di qualcosa che non è così ampiamente noto.I primi sette (circa) anni vengono spesi per sviluppare i corpi fisici ed emotivi e il cervello. Alla fine di questo periodo, inizia il secondo ciclo di sette anni - il tempo dell'"Età della Ragione" sulla scala degli approcci individuali. In molte tradizioni religiose e culturali, questo passaggio viene celebrato (e facilitato) con un altro rito. Questo aiuta a unire il prossimo aspetto dell'Anima: il vero corpo mentale. Ora il giovane Essere ha una rudimentale capacità di pensiero astratto e inizia un importante periodo di scolarizzazione.

Poi, dopo dieci anni, (come tutti ben ricordiamo) appare la componente successiva dell'intera personalità: un aspetto molto importante, sebbene ancora solo rudimentale, dell'amore. La sua presenza è associata alla pubertà e si manifesta principalmente nell'amore fisico ed emotivo o nella sessualità. E, ancora, in alcune società questo evento significativo viene celebrato con un rituale speciale. (La maggior parte dei cosiddetti "eventi poltergeist" si verificano quando queste componenti molto forti dell'intero essere cercano di unirsi.)

Ora l'Anima è in qualche modo attaccata agli "involucri" della nostra personalità: i corpi fisico ed emotivo, il corpo mentale e ciò che corrisponde al "corpo dell'amore" a questo livello basso. Ma per tutta la vita, dobbiamo rafforzare questi legami, di cui parleremo ora.Nelle comunità umane si ritiene che alla fine del terzo ciclo settennale l'Essere umano sia già pienamente formato. Con il raggiungimento dell'età adulta in tutte le culture, una persona acquisisce già lo status di adulto. Quello che le persone di solito non si rendono conto è che i cicli (di circa) sette anni vanno avanti all'infinito, l'Anima continua a rafforzare la sua posizione finché, dopo molte vite, alla fine diventa completamente dominante e si "satura" di se stessa. personalità. È importante capire che i primi ventuno anni formeranno un grande ciclo, che consiste in tre cicli minori di sette anni e che si ripeterà sui giri più alti della spirale, sempre seguendo lo stesso schema (fisico, mentale, amoroso ). Partite nelle partite!

In altre parole, dalla nascita fino all'età di ventuno anni, l'espressione fisica è primaria. Poi, per altri ventuno anni, il nostro intelletto crescerà e il fisico comincerà a svanire. Nel e dopo il terzo ciclo, otteniamo saggezza e una forma superiore di amore. Puoi osservarlo nella tua vita: intorno all'età di quarantadue, sessantatré e ottantaquattro anni si verificheranno o inizieranno eventi importanti (cambiamenti). I cicli di sette anni sono visti anche per tutta la vita: in particolare, all'età di 28 o 29 anni, una persona di solito sperimenta il suo "ritorno di Saturno" per la prima volta nella sua vita. (Stiamo parlando dell'influenza "zodiacale".) Va sottolineato ancora una volta che questo è tipico di tutti, ma a seconda del livello di sviluppo spirituale, gli individui lo sperimentano in modi diversi.

Poiché il regno umano è chiaramente ancora nella sua adolescenza, siamo affascinati dal mondo fisico e mostriamo altre qualità di questa età. Se sopravviviamo e raggiungiamo la maturità, venereremo qualità più elevate: intelligenza e, soprattutto, Amore-Saggezza. Il nostro sistema solare è dotato di questa qualità spirituale di fondamentale importanza. ( "Dio è amore".)È estremamente importante notare che nell'attuale periodo della storia umana molti dei nostri presunti "leader" (in politica, affari, intrattenimento) non aspirano alle qualità più alte e più importanti dell'umanità. Invece cercano di capitalizzare su tutto ciò che è transitorio e irragionevole, incoraggiano, proteggono e quindi glorificano il potere sugli altri, la violenza e l'avidità. Per molti versi, questo sta diventando un "modello di comportamento" per i nostri giovani. Giocano direttamente nelle mani delle forze del male! Anche nel nostro stato attuale (relativamente infantile), dobbiamo capire quanto sia fugace la gloria. Come poche celebrità usano la loro fama per aiutare la crescita della coscienza, anche se sappiamo che i personaggi storici che veneriamo hanno dimostrato le qualità eterne di saggezza, compassione e amore per l'umanità. Questo non significa qualcosa? Assistente'

Tornando al discorso sulla vita di ognuno di noi, parliamo di invecchiamento. Perché invecchiamo (fisicamente)? Se tutte le cellule del nostro corpo vengono spesso sostituite da nuove, perché compaiono le rughe e il corpo perde gradualmente la sua precedente salute? Inoltre, se la nostra intelligenza dipendesse completamente dal cervello, non inizieremmo a perdere le nostre capacità mentali non appena cresciamo? Infatti, la nostra conoscenza e, soprattutto, la nostra saggezza aumentano con l'età. Potrebbe essere che la graduale perdita della sessualità a partire da un'età relativamente precoce contribuisca allo sviluppo della nostra coscienza? Forse è allora che concentriamo tutta la nostra attenzione su ciò per cui ci siamo incarnati? Cioè, ampliando e elevando la nostra coscienza, aumentando l'intelletto, la saggezza, il potere dell'amore. Proprio perchéForse, perdendo il fisico, iniziamo ad ascoltare le istruzioni della nostra Anima e diamo sempre più energia alle aspirazioni spirituali? Dopotutto, sembra che in realtà diventiamo più saggi e più sensibili con l'età.

Le persone anziane di solito hanno un gusto più sviluppato per la musica, l'arte, per ciò che chiamiamo cultura, per qualità di vita più raffinate e più elevate - qualità che risuonano di più con i regni spirituali (di nuovo correlazione). La maggior parte di noi non inizia una vita contemplativa finché non ha superato il divertimento e le altre energie della giovinezza, a meno che non si parli di un'anima molto "vecchia" che dimostri saggezza e compassione anche in(fisicamente) giovane. Tutto questo non indica il destino dell'umanità nel futuro? No, non si tratta affatto del fatto che il corpo sarà brutto e rugoso. Intendo la maturità dei valori: ci sarà un graduale aumento della proporzione di persone più polarizzate nel corpo mentale e superiore (che chiamiamo spirituale) e meno nel corpo emotivo (il corpo dei desideri).

Quanto ai nostri corpi fisici, diventeranno ancora più belli e perfetti. Ma la bellezza non sarà più identificata solo con l'attrattiva sessuale di una persona, come lo è ora. La nostra bellezza fisica durerà fino all'età individuale corrispondente all'età evolutiva del regno umano. In altre parole, quando il regno umano sarà circa a metà della sua crescita spirituale destinata, le persone raggiungeranno l'apice della bellezza non in gioventù, come è ora, ma nella mezza età. La bellezza interiore, che aumenta con l'età, si manifesterà nella bellezza dell'apparenza. Si dice che anche adesso alcuni Esseri spirituali, o angelici, continuino a sembrare giovani, avendo già vissuto una parte significativa della vita loro data.

Questo si osserva anche nel regno vegetale, che ha subito una grande evoluzione (in quanto abbiamo così mostrato come la vita individuale tipica di una persona ripeta e dimostri l'evoluzione passata della nostra coscienza spirituale e come indichi il percorso che ci attende Ora possiamo guardare all'intera famiglia dell'umanità e tracciare l'evoluzione umana dallo stadio animale al presente.Fasi del percorso evolutivo della coscienza umana:

a) Caccia e raccolta

b) Affari militari

c) Artigianato agricolo

d) Commercio Industria

e) Informazione e Comunicazione

La scienza dell'antropologia sostiene che le persone hanno iniziato il loro viaggio in molti modi come gli animali: c'erano famiglie, famiglie allargate e gruppi di famiglie (clan o tribù). Hanno lavorato insieme, procurandosi da mangiare, cercando "campi" adatti, sostenendosi a vicenda, ecc.Man mano che sempre più persone cercavano cibo e luoghi adatti in cui vivere, sorse la competizione, seguita dall'aggressività; divenne chiaro che i forti avevano più possibilità di sopravvivere. Così è nata la classe dei guerrieri.

Alla fine, alcune persone hanno imparato a coltivare il

proprio cibo esi rese conto di quanto fosse più conveniente che cercarla. Ad un certo punto iniziarono a catturare e domare gli animali per avere carne, latte, pelli, ecc. Ciò consentiva alle famiglie e alle tribù di stabilirsi in una zona e le liberava dalla necessità di spostarsi costantemente per procurarsi il cibo. La necessità (che alla fine ha portato alla capacità) di fare varie cose è stata una logica conseguenza dell'inizio della formazione della società e dello sviluppo dell'agricoltura. Così sono apparsi i mestieri e le arti.

Naturalmente, le tribù e i clan vicini iniziarono a commerciare e scambiare merci tra loro, quindi gradualmente si sviluppò la classe dei mercanti. Era richiesto un mezzo di scambio universale, o denaro. Con l'espansione dell'intelligenza umana, sorsero modi migliori e più efficienti di produrre beni; questo processo culminò nella cosiddetta età industriale. Sono state richieste sempre più conoscenze, nonché i mezzi per l'acquisizione, la conservazione e lo scambio: è così che è iniziata l'attuale era dell'informazione. E così arriviamo al primo gradino o stadio importante del Piano Divino per il regno umano! Ora stiamo iniziando a costruire un "cervello globale"! È necessario rendersi conto del grande significato di questo passo importantissimo. Presto il pianeta sarà in grado di funzionare come un intero Essere! Questo è ciò che più di tutto spaventa le forze del male, che quindi cercano ostinatamente di sostenere il pensiero separatista tra i popoli della Terra.

Prima di andare avanti, diamo un'occhiata ai lati positivi e negativi delle fasi sopra descritte persone in queste fasi dell'evoluzione. La fase del cacciatore-raccoglitore dà vita a individui (e istituzioni sociali) che cercano nuove fonti di risorse materiali. Possono diventare pionieri e pionieri. Coloro che non hanno raggiunto lo sviluppo in questa categoria diventano ladri, truffatori, truffatori, ecc. La classe Warrior si sviluppa in una forza di polizia e in un esercito, che deve proteggere la società, agendo secondo le sue leggi e sotto la sua supervisione. Tuttavia, la storia umana è piena di esempi di crudeli guerre di conquista senza legge. Non c'è bisogno di menzionare tutto questo qui.

Nella fase agricola, le persone sviluppate rispettosamentesi riferiscono alla terra ea tutta la vita che è parte integrante dell'ecosistema. Pertanto, coltivano la terra, estraggono minerali, usano l'acqua e altre risorse con saggezza e capiscono che se tutti agiscono con intelligenza e buone intenzioni, se tutti condividono tra loro, ci sarà abbastanza sostentamento per tutti. Se l'economia è condotta in modo ignorante, stupido e avido, otteniamo proprio tutto ciò che abbiamo oggi: "allevamenti intensivi", monocolture che impoveriscono il suolo, inquinamento ambientale - e molti, molti altri problemi.

Sembra che l'artigianato e l'arte genuina stiano diventando rari. Ma nuove energie arrivano sul pianeta e quando l'umanità inizierà ad agire su una svolta più alta della spirale evolutiva, queste abilità non solo verranno rianimate, ma aumenteranno anche e saranno apprezzate. Molto di ciò che ora viene spacciato per arte non lo è. Dopotutto, la vera arte è sempre un riflesso di armonie e proporzioni cosmiche a un livello inferiore. Il commercio condotto eticamente è il riconoscimento della nostra interdipendenza; mira a creare relazioni commerciali in cui tutti vincono. Contribuisce allo sviluppo dell'impresa libera che incoraggia le persone a sfruttare al meglio e sviluppare i propri talenti e capacità. Il denaro dovrebbe essere usato come mezzo di scambio, consentendo a una persona di acquisire tutto il necessario per la vita e avviare un'attività in proprio. Quando il capitale viene utilizzato principalmente per la manipolazionegli altri e l'arricchimento personale, e non c'è beneficio per il bene comune, è solo un crimine! Ricorda, il capitalismo sfrenato alla fine dovrebbe teoricamente portare una persona ad avere tutto e l'altra persona a non avere nulla. Libera impresa e capitalismo non sono la stessa cosa! L'avidità è una malattia e troppe persone ne sono infettate. Parleremo di più della perniciosità del materialismo nella prossima sezione.

Il lato positivo dell'industrializzazione è che consente la produzione di quantità sufficienti di tutto ciò che è necessario per la vita dell'umanità. Inoltre, nel tempo, grazie all'industria, le persone hanno anche un po' di abbondanza, permettendo loro di avere tempo libero e spenderlo per ampliare le proprie conoscenze. In questo modo, le persone diventano sempre più sviluppate intellettualmente e questo è, ovviamente, un fattore importante nella costruzione di un regno umano integrato.Conosciamo tutti (anche per nostra esperienza) le conseguenze disumane dell'eccessiva industrializzazione, comprese quelle ambientali; non è necessario elencarli specificamente qui.

**Informazione e comunicazione** in forma elementare sono sempre stati disponibili anche nei regni inferiori e la storia della conoscenza e della comunicazione è considerata una parte significativa della storia dell'evoluzione stessa. Ma solo ora le tecnologie dell'informazione stanno cominciando a prendere il loro giusto posto come attività principale dell'umanità. E, sebbene gran parte dell'incentivo ad espandere la conoscenza e la comunicazione fosse (ed è tuttora) basato su motivi egoistici personali - come l'avidità, il desiderio di dominio, l'orgoglio, ecc. - in definitiva tutto questoper il bene di. Col tempo, il sistema di comunicazione planetaria che si sta sviluppando sarà usato sempre di più a beneficio di tutti i regni in natura che compongono la Vita Planetaria. Alla fine ci sarà un'interazione globale illimitata, cioè ogni persona sarà in grado di comunicare liberamente con qualsiasi altra persona sul pianeta. Sebbene questa sia una questione per il futuro, anche ora se ne possono vedere i benefici per l'umanità. Con l'aiuto di Internet, le persone con interessi simili sono in contatto tra loro, indipendentemente dai confini politici. L '"Era dell'Acquario" è caratterizzata dall'emergere nel mondo di gruppi informali creati a seguito di tale comunicazione.

Questa è una componente necessaria del Piano Divino! Pertanto, le forze oscure hanno sempre cercato e cercheranno sempre di controllare, frenare e in un modo o nell'altro interferire con la capacità delle persone di interagire liberamente. Questo non deve essere consentito! Scambi culturali, turismo e commercio su basi eque: tutto ciò contribuisce anche notevolmente al riavvicinamento delle persone e alla crescita della comprensione reciproca tra loro.Se aspiriamo a diventare cittadini del pianeta e ad interagire in pace e per il reciproco vantaggio, dobbiamo capire che questo è possibile solo se acquisiamo la qualità della responsabilità. (Man mano che riceviamo più Luce, sviluppiamo la "capacità di rispondere" in modo appropriato. Questa è la vera responsabilità spirituale.)

Si dice spesso che le persone "non si assumono la responsabilità" delle conseguenze delle proprie azioni. La responsabilità non è qualcosa che può essereprendere o non prendere. Per definizione, siamo sempre responsabili dei nostri pensieri e delle loro conseguenze. Guardiamo ancora una volta - da una prospettiva diversa - allo sviluppo di un individuo umano, confrontandolo con l'evoluzione dell'uomo fino ai giorni nostri. Quando la Luce Cosmica scese sempre più in profondità nella materia, ol'oscurità, i "Raggi" di questo puro Spirito, o Monade Divina (qualcuno la chiamerebbe una "scintilla di Dio") si dissiparono, penetrando nella materia più densa - in quello che chiamiamo il "regno dei minerali". Poi iniziò l'opera di liberazione, cioè l'impianto della coscienza in una parte della vita inconscia. Dopo miliardi di anni, la Luce ha creatouna "pre-coscienza" che cresceva man mano che si spostava verso l'alto, abbracciando il regno vegetale e quello animale. Alla fine, quando la Luce ricevette la guida dell'Angelo Solare o Anima, divenne un membro del regno umano.

Ecco cosa è importante ricordare: in sostanza, siamo la scintilla immortale di Dio, o il Cosmo! Ma una volta eravamo solo formalmente esseri umani, che vivevano principalmente di istinti animali, e la nostra Anima doveva fare sforzi per guidarci e sviluppare la nostra vera umanità per un lungo periodo di tempo.Pertanto, quando uno di questi esseri (cioè noi) inizia la sua incarnazione sul piano fisico per passare attraverso la scuola di vita, questa persona inizia il suo viaggio da uno stadio infantile relativamente primitivo. È ancora molto simile a un animale e si comporta come un cacciatore-raccoglitore, seguendo il percorso di minor resistenza, cioè vivendo solo di ciò che può ottenere per se stesso. Questo continua finché è nella società dei cacciatori-raccoglitori. Ma quando inizia a incarnarsi in una società agricola o commerciale più avanzata, dove beni e servizi vengono acquisiti attraverso il baratto o in cambio di denaro, tale comportamento diventa inaccettabile.

In questa fase (all'inizio dell'evoluzione), le persone non hanno ancora sviluppato una coscienza e, quando invecchiano, spesso arrivano all'idea "chi è più forte ha ragione". Ancora oggi, le "anime giovani" (coloro che hanno avuto poche incarnazioni fisiche) si trovano spesso in questo stato "infantile". Vivono solo per soddisfare i loro desideri. Sappiamo anche che alcuni individui, anche quelli con un intelletto sviluppato, rimangono ancora essenzialmente predatori e ottenere ciò che vogliono con i mezzi più primitivi. La società dovrebbe tenerne conto nell'organizzazione del lavoro dei sistemi giudiziari e penitenziari (e di altre istituzioni). Dobbiamo cercare di trovare modi per impiantare una nuova coscienza in una persona, e non semplicemente mettere queste persone dietro le sbarre insieme ad altre che si trovano nella stessa fase iniziale dell'evoluzione. Tutti sanno bene che questo serve a poco.

Per favore, non fraintendetemi: non c'è niente di sbagliato nello stile di vita primitivo di cacciatori-raccoglitori. È solo che tutti noi dobbiamo sfruttare le opportunità che ci vengono date per spostarci ai livelli più alti della scuola di Vita sul pianeta per compiere il nostro destino Divino. Come mai? Perché l'evoluzione dell'uomo verso l'illuminazione, così come la responsabilità ad essa associata, è pianificata da Mentori spirituali, o Gerarchia (o Dio, se vuoi). Se rimaniamo bloccati in qualsiasi fase della nostra evoluzione spirituale, ovviamente non realizzeremo mai il nostro destino divino. Il passo successivo è l'inizio della cooperazione, ma finora solo per il bene di se stessi.

Poiché la vita è spesso minacciosa e caotica a questo livello, iniziamo ad aderire a determinate leggi e mantenere l'ordine. Main questa fase, le persone di solito sono più interessate a far sì che gli altri, piuttosto che se stesse, rispettino la legge e siano disciplinati. Potenza, forza e controllo sono ancora molto apprezzati. Dopo molte incarnazioni, dopo aver accumulato molta esperienza, aver fatto molti sforzi (e aver subito molto dolore), una persona impara gradualmente che è molto più piacevole essere tra persone che dimostrano qualità come responsabilità e bene volontà, e che in questo per noi, forse, c'è qualche messaggio. È in questa fase che iniziamo ad aprirci al contatto con la nostra Anima, e poiché la nostra Anima è una parte dell'Anima Unica, acquisiamo una nuova qualità - "simpatia" e, di conseguenza, iniziamo a mostrare una certa preoccupazione per il benessere degli altri.

Non viviamo più secondo i nostri interessi. L'altruismo comincia a fiorire! Dopo molte incarnazioni, la buona volontà diventa gradualmente volontà di bene. Ciò significa che ora opera attivamente a livello di intenzione e diventa la nostra "seconda natura". Come già accennato, questo è un momento molto importante nella nostra evoluzione spirituale! Non c'è nulla di sorprendente nel fatto che le religioni che compaiono in diversi periodi della storia di solito corrispondano al livello di sviluppo della coscienza. Le religioni primitive di solito si occupano di cose del tutto fisiche - per esempio, animali e parti del loro corpo - e talvolta anche cercano di invocare gli elementali, o gli spiriti della natura del piano astrale (emotivo) inferiore. Ogni tribù ha i suoi dei. Sono collegati con gli stessi terreni e "mondani", possono essere crudeli e talvolta richiedono anche vittime viventi. A un livello superiore, le prime religioni possono aiutare la guarigione fisica e psicologica e aprire gli occhi delle persone sul fatto che c'è vita e Spirito o Anima in ogni cosa.

Poi abbiamo dei creati a nostra immagine di bambini. Prima di tutto, queste sono divinità gelose che vogliono essere servite e adorate. Ci controllano attraverso la paura e il senso di colpa con l'aiuto di prescrizioni incrollabili e semplici cheimposto per intimidazione: agli infedeli ("loro") vengono promesse terribili punizioni nell'aldilà; ma gli eletti ("noi") attendono una beata eternità. Regole emotive! A questo livello, le religioni sono talvolta usurpate da chi detiene il potere e "Dio" completa solo i governanti: favorisce un certo genere, razza, nazionalità e le attuali ambizioni politiche ed economiche di qualcuno (dottrine). Succede che una persona, diventata un sovrano, si appropria dello stato di un dio o delle qualità divine.

Siamo ben consapevoli dei terribili crimini commessi in nome delle religioni basate sulla paura. D'altra parte, la paura di tali religioni ha portato molte persone caratterizzate da comportamenti antisociali e criminali al primo stadio del comportamento etico. Ma continuiamo ad evolverci, le nostre menti diventano più attive e alcune convinzioni, di conseguenza, sempre più prive di significato. Se c'è un Dio, allora Dio deve essere migliore di noi, non così cattivo o peggiore. Il dogma basato sulle emozioni viene sempre più messo in discussione. C'è sempre meno fede nel paradiso o nell'inferno eterni, perché diventa ovvio che una persona veramente amorevole non può godersi la vita mentre gli altri soffrono tormenti senza fine, non importa quanto abbiano peccato. E non è solo questo: lo scopo delle "punizioni" e del dolore trasferito è mettere fine a qualcosa, insegnarci qualcosa per poter crescere più a lungo. Ma la sofferenza infinita non può servire a questo scopo oa nessun altro.

Comprendendo questo, una persona si allontana gradualmente da una religione basata sui sentimenti di colpa e paura, verso religioni basate sull'Amore (e che sono intellettualmente più sane). Il focus si sta spostando: se prima tutti gli sforzi erano volti a placare Dio e quindi a salvare la propria pelle, ora una persona inizia a preoccuparsi di tutte le creature. La coscienza comincia a svilupparsi. E per tutto questo tempo ci stiamo adattando sempre di più alla civiltà. Dopo molte vite, iniziamo a sviluppare la vera cultura. Anche se potremmo non rendercene conto, ora stiamo diventando, in un certo senso, esseri spirituali.

E così arriviamo alla fase successiva, quando spesso mettiamo in discussione la religione, ea volte addirittura la rifiutiamo per un po'. Possiamo trascorrere più di una vita sviluppando la mente inferiore ma allontanandoci dal controllo delle emozioni. Spesso in questa fase la religione diventa, per così dire, una scienza o, meglio, "scientismo". La mente concreta (o, come si dice ora, il pensiero del "cervello sinistro") si sviluppa troppo e si impossessa della personalità. Questa mente è convinta che tutte le risposte possono essere trovate nel regno materiale, semplicemente smontando le cose e studiando le loro parti costitutive. A questo stadio, la mente inferiore diventa "l'assassino del reale" (come viene chiamata negli Insegnamenti di Saggezza), perché non è in grado di vedere la realtà superiore e astratta - la vera spiritualità - e nega la sua esistenza. Perciò, coloro che sono concentrati su una mente particolare trovano spesso infondate le verità di coloro che sono capaci di operare a livelli superiori. La presunzione intellettuale è una trappola in cui molti sono caduti in questa fase.

O, al contrario, aderiamo all'"emisfero destro" e diventiamo più mistici. Man mano che diventiamo più saggi, i nostri dei diventano più simili ai nostri genitori: ci aspettiamo che rispondano a chiamate ragionevoli e confidiamo che si prendano cura del nostro benessere e del benessere degli altri. Capiamo che tutte le persone devono imparare le lezioni ("Ciò che sarà, non sarà evitato") e, alla fine, li riceviamo sperimentando pienamente lo stesso dolore che abbiamo causato agli altri.

Poi, dopo molte vite, gradualmente ci si apre un quadro più ampio. Cominciamo a capire quanto sia sfacciato da parte di un ometto debole pensare di aver almeno cominciato a comprendere il Creatore dell'Universo! In termini di livello di coscienza, siamo molto più vicini agli insetti che persino al più basso degli Esseri veramente spirituali! Infine, otteniamo umiltà e senso delle proporzioni. E solo allora si può iniziare la lunga ascesa alla Sapienza Divina. È in quel momento che comprendiamo cose molto importanti: tutto fa parte di un tutto ancora più grande; c'è un Principio onnicomprensivo immutabile; l'universo è una gerarchia in evoluzione, e"Great Universal Design" (come alcuni lo chiamano). E noi ne siamo una parte importante!

Le persone che hanno raggiunto questo stadio di crescita spirituale, cioè responsabili, compassionevoli, altruiste, che esercitano una volontà di bene intelligente ed efficiente, sono considerate dall'alto come il "Nuovo Gruppo di Servitori del Mondo". Stanno lavorando per uno scopo più alto, uno scopo evolutivo, che lo sappiano o meno. (Molti non lo sanno. Ma le persone con queste qualità servono davvero il Piano Divino.)Poco dopo parleremo degli ulteriori stadi del Sentiero del Discepolato. Di tanto in tanto gli esseri nascono tra noi, portando nuovi messaggi che ci mostrano i prossimi passi della nostra crescita spirituale. Li uccidiamo e, quando passa molto tempo, accettiamo solo gradualmente e con riluttanza alcuni dei loro insegnamenti.

Ma le forze oscure di solito riescono a costruire una sorta di istituzione religiosa attorno a nuove verità e in larga misura a evirare lo Spirito da esse, diluendole, dogmatizzandole e politicizzandole. C'è una specie di gravità nel regno umano, un'urgenza di scendere al livello comune più basso, e se questo non viene contrastato, il risultato è sempre disastroso. Vediamo questo processo ripetuto più e più volte durante l'onda umana della vita. Basta ascoltare coloro che occupano posizioni di potere (secolari o religiose) e noterete con tristezza quanto raramente dimostrano anche una minima parte della vera saggezza, per non parlare di più.

Ma questa situazione sta per cambiare con l'avvento di nuove Anime illuminate.Gli individui ispirati che hanno dato vita alle grandi religioni lo hanno fatto per gettare luce sul sentiero che è aperto a tutti noi, e tutte le vere religioni continueranno a guidarci. Un grosso problema sorge quando una chiesa diventa comprommettente e presuntuosa e comincia a credere di essere di per sé l'obiettivo finale. Quando un dirigente di chiesa dice: "Devi solo venire nella mia chiesa e sei salvato. Ho conosciuto la verità, tutta la verità e l'unica verità! - questa persona ostacola la nostra crescita spirituale piuttosto che aiuta! È semplicemente un'indulgenza a quella debolezza che tutti abbiamo: il desiderio di "essere più santi degli altri". Un modo di pensare così perverso ha già portato e ora porta a sanguinose guerre di religione e persecuzione dei non credenti.

Mi spiego il mio pensiero: le religioni sono sempre state, sono e saranno un mezzo forte e necessario per illuminare l'umanità. Ma, come in ogni altra cosa, dobbiamo essere esigenti su ciò che accettiamo come verità universale.La spiritualità viene da ciò che siamo veramente: lo Spirito. La religione d'altra parte, sono credenze condivise collettivamente sulla realtà. La nostra Anima, il Sé superiore, il "Regno di Dio dentro di noi" è la nostra unica guida affidabile e dobbiamo seguire volentieri la sua guida.

Prima di concludere questa sezione sull'Universo come Insegnante, è necessario prestare particolare attenzione a un punto: tutti i problemi in tutti i regni della vita, in tutte le sfere della vita, sono superabili e alla fine risolti solo elevando la coscienza! Grazie all'Illuminazione Spirituale e all'Amore.Questa è una delle verità più profonde che una persona può conoscere, e la verità a cui deve assolutamente pensare e comprendere. Tutti gli altri tentativi di risolvere i problemi dell'umanità sono solo misure temporanee.

Niente "bastoncini" e "carote", che si tratti di benessere materiale, buona salute, tutti i benefici di una vita felice - o punizione, la coercizione, il senso di colpa, la paura, ecc., da soli non si sono mai fermati e non fermeranno mai la "disumanità tra le persone" (Robert Burns, "L'uomo è nato per piangere"). Ma portano a un graduale aumento della nostra coscienza, a seguito della quale una persona fa più "giusto" e meno male. E, ancora, solo la crescita della coscienza, sia a livello individuale che a livello dell'intero regno umano, porterà a una vita giusta e pacifica.

Gli esseri che agiscono dal livello dell'Anima non danneggiano gli altri né con le loro azioni né con i loro pensieri. Prendete qualsiasi scenario di sofferenza umana, e quando lo analizzerete, vedrete che è stato causato dall'ignoranza o dalla stupidità, direttamente o karmicamente causato dall'azione di alcuni aspetti delle vite planetarie. Anche i cosiddetti disastri naturali ci insegnano qualcosa. In altre parole, il ciclo di vita dell'universo è il tempo necessario per elevare alla perfezione la coscienza di tutta la Vita nell'universo. Oppure - all'Illuminismo Universale.

Questo non significa che dobbiamo aspettare miliardi di anni per alleviare la nostra sofferenza. Con la crescita della coscienza individuale e della comprensione che porta ad azioni e pensieri corretti, entreremo sempre più in uno stato di gioia. I veri maestri spirituali si rallegravano sempre, anche quando vivevano nelle condizioni più difficili! Ripetiamo ancora una volta: sempre dalla materia (esterna) - su attraverso la mente, o coscienza (qualità) - fino all'Amore-Saggezza (Spirito, o Vita). Questo è il Sentiero dell'Illuminazione.

Lo vediamo sia nelle nostre vite che nell'evoluzione del nostro pianeta. Se ci fosse dato di vedere il quadro completo dell'universo, allora lo vedremmo nel ritorno evolutivo dell'intero Cosmo alla sua Sorgente perfetta. E Lui segue la stessa strada.Questa è la vera "liberazione della materia"! Viene liberato, o meglio, ri-spiritualizzato attraverso il ciclo di vita eterno dell'universo. Questo è il senso ultimo della vita. Questo è il Piano Divino e noi siamo parte di questo processo, e per di più molto importante! Qualcuno chiederà: "Perché i maestri del genere umano non ci dicono e ci mostrano semplicemente queste verità superiori, in modo che non ne dubitiamo mai - per così dire, non saranno iscritte in cielo?"

Ci sono diverse ragioni per questo. La cosa principale è che allora non avremmo imparato a conoscere, saremmo diventati ancora più pigri di adesso, continueremmo a seguire la via di minor resistenza e quindi rimarrebbero figli a carico (in senso spirituale) ancora più a lungo. Sì, le verità elevate sono spesso distorte in un modo o nell'altro. Pertanto, abbiamo bisogno di espandere costantemente le nostre menti, che è la strada verso la saggezza. Ci sono molti fenomeni che possono essere definiti misteriosi. Possono essere interpretati (o ignorati) in diversi modi: dipende dal grado di illuminazione di una persona.

Pertanto, le persone che non vogliono cambiare le loro

convinzioni si assicurano che gli eventi che vanno contro le loro opinioni non si verificano effettivamente. Alcuni la chiamano la "legge del disordine", altri il "principio di incertezza". Gli insegnanti dell'umanità hanno sempre detto che man mano che progrediamo vedremo che ci sono molti livelli di realtà apparente. Dobbiamo lottare per un livello superiore, non solo per espanderci, ma anche perché il nostro sé superiore valuta costantemente,Alla fine raggiungiamo lo stadio della saggezza e in effetti cominciamo a vedere la perfezione del Piano Divino e la grande Verità, aprendoci nell'incredibile bellezza della nostra esperienza mondana. E allora cominciamo a capire: era "scritto in cielo"!

Nel corso della storia, i mistici di tutte le parti del mondo, che professano tutti i tipi di religioni (o nessuna), hanno sperimentato questa intuizione e cercano costantemente di spiegarla a tutti gli altri.Bene. Se facciamo parte di questo Universo, di questo enorme Essere, e siamo immersi in un ambiente ideale per l'apprendimento (cognizione), perché non cresciamo, evoloviamo molto più velocemente? Perché "manchiamo" per questo? Sembra che molti di noi siano abbastanza soddisfatti di se stessi e vorrebbero rimanere come siamo. Ora parleremo di questo.

## Dove Siamo Stati (E Perché Siamo Ancora Lì)

Ho sonno e mi sdraio per riposare. Penso di essermi appisolato, ma all'improvviso mi sono svegliato. Per me questo giorno è molto importante.La nostra tribù vagava per la zona alla ricerca di un posto dove trovare cibo. Ieri uno dei nostri inseguitori è tornato qui (dove si trova temporaneamente la nostra tribù) e ha detto di aver visto una famiglia di animali abbastanza grande da fornire cibo per l'intera tribù, ma non così grande da essere molto pericolosi e difficili da ottenere. Oggi condurrà lì i guerrieri, sperando che gli animali siano ancora lì.

Perché questo giorno è così importante per me? Dopotutto, questo accade abbastanza spesso nella vita di tutti i giorni di qualsiasi tribù. La ricerca del cibo è ciò intorno a cui ruota tutta la vita delle nostre tribù. Questo giorno è stato speciale per me, perché per la prima volta mi è stato permesso di partecipare alla caccia - finalmente sono diventato un guerriero!Ogni giovane di ogni tribù non vede l'ora di diventare abbastanza grande, forte e agile da essere preso per una caccia del genere. Da quando ho memoria, sembra che l'ho solo sognato, preparandomi per questo giorno. Cosa significa "caccia così"? E perché devi essere nominato guerriero? Ti dirò perché. L'intera tribù è costantemente impegnata nella caccia o nella raccolta. Cercare e raccogliere cibo mentre si vaga nelle vicinanze è una cosa comune. Ma cacciare animali, allontanandosi dal campo, è completamente diverso. È tutta una questione di pericolo: nella foresta selvaggia possiamo imbatterci in animali sconosciuti. O peggio ancora, i guerrieri di altre tribù che possono cacciare anche nello stesso luogo.

I risultati di tali incontri sono imprevedibili. A volte, notando a malapena l'un l'altro, gruppi di cacciatori si disperdono semplicemente in direzioni diverse senza entrare in contatto. A volte possono incontrarsi e scambiarsi saluti. Ma se una delle tribù sperimenta una forte fame, cosa che accade spesso, allora l'incontro diventa una questione di vita o di morte. Quando una tribù ha trovato un buon posto dove cacciare, o quando hanno già ucciso animali e sono in viaggio con la preda, i guerrieri di un'altra tribù che li incontrano possono attaccarli, mutilare qualcuno o addirittura ucciderlo. Così è successo all'ultima caccia (poi due dei nostri soldati sono rimasti azzoppati), ecco perché, per così dire, sono stato "spinto in avanti". Se mi mostro bene, sarò accettato tra i guerrieri per davvero.

Ma se questa è la mia prima uscita come cacciatore di guerrieri, allora come faccio a sapere tutte queste cose e perché mi sento così sicuro? È solo che mi sto preparando da molto tempo. Fin dalla prima infanzia, ho sentito molte volte come gli uomini parlavano di caccia. E non solo i guerrieri stessi, ma anche gli ex guerrieri, quelli che sarebbero diventati presto guerrieri e quelli che l'hanno solo sognato. Sembra che non parlassero affatto d'altro: si vantavano dei successi passati, si lamentavano dei fallimenti passati e discutevano su come avrebbero dovuto agire per andare diversamente. Strategie e tattiche infinite per ogni situazione: come avvicinarsi di soppiatto a un animale, come ucciderlo e portarlo a casa in modo che i guerrieri di un'altra tribù non lo portino via. Questo è stato discusso in dettaglio, perché tutto questo deve essere conosciuto per sopravvivere. Non c'è da stupirsi se mi sento abbastanza preparato. Tutti dovrebbero essere preparati per la caccia, perché ultimamente il cibo è scarso e la tribù sta morendo di fame. Avevamo bisogno di cibo.

E poi venne il giorno della caccia. Noi guerrieri ci uniamo (amo così tanto la cosa "noi guerrieri"). Stiamo arrivando e la caccia ha inizio. Seguendo silenziosamente il tracker, penso a come la caccia riunisca l'intera tribù e a come ognuno faccia la sua parte in essa. Altri uomini forti rimangono nel campo, pronti a respingere qualsiasi pericolo dall'esterno mentre siamo via, o ad aiutare se veniamo inseguiti (questi sono i nostri rinforzi). Donne, anziani e bambini ci aiutano a prepararci al viaggio, ci incoraggiano e, al nostro ritorno, ci accoglieranno con delizie selvagge e organizzeranno una vera festa. Bene, e, naturalmente, ragazze. Ho notato spesso che i guerrieri di maggior successo piacciono alle ragazze più belle. Così oggi ho visto che la ragazza che mi piace e che mi piacerebbe amare si comportava diversamente con me. In qualche modo ci ha provato soprattutto quando mi ha augurato una caccia di successo e ha espresso la speranza che tornerò sano e salvo. Ma il suo sorriso e il suo sguardo dicevano ancora di più...

E ora siamo nel posto giusto. Ci siamo sdraiati in fila, come concordato in precedenza, per localizzare e circondare la preda prima che noi stessi catturassimo la sua attenzione. E poi è iniziato! Abbiamo visto dei cinghiali proprio mentre ci individuavano. Mentre io esitavo, non sapendo cosa fare, cacciatori più esperti circondarono un maiale e tutti insieme cercarono di buttarlo a terra. Ma non è stato facile, perché il maiale voleva vivere quanto noi volevamo mangiare. Ho "danzato" durante il combattimento, cercando di coprire qualsiasi varco attraverso il quale l'animale potesse scappare. Esattamente questoAvrei dovuto fare secondo il nostro piano. Alla fine, dopo molti inutili tentativi di fuga, il maiale divenne esausto, uno dei nostri uomini forti lo afferrò saldamente, se lo mise addosso e con questo fardello stridente si precipitò al nostro campo.

E poi è successo qualcosa che meno avremmo voluto. Abbiamo individuato un'altra squadra di guerrieri. Ovviamente, hanno sentito un rumore e sono corsi verso di noi. Le loro forze erano più fresche e sconfiggerci non costava loro nulla. Inoltre, il nostro tracker ha notato che alcuni di loro provenivano da una tribù chiamata "orsi" dai nostri anziani per la loro forza e crudeltà.Ci siamo preparati a combattere ea tutti i costi per salvare il bottino così duramente conquistato per noi. Eccitazione, paura, anticipazione, rabbia: tutto confuso. Ricordo abbastanza vagamente cosa accadde dopo. Le due squadre si sono scontrate, agitando braccia e gambe, scalciando, combattendo con bastoni e pugni. Ho preso un sacco di colpi e ho colpito incessantemente me stesso. Il nostro maiale si è ripreso ed è scivolato via dalle braccia del cacciatore che la teneva in commozione. Uno degli "orsi" l'ha afferrata e ha cercato di scappare.

Nonostante fossimo stanchi, non ci saremmo arresi. Lo inseguimmo, lo raggiungemmo e lo gettammo a terra. Il maiale si è liberato di nuovo, ma questa volta è stato afferrato da uno dei nostri uomini più forti e veloci. Incoraggiati da questa svolta degli eventi, lo abbiamo circondato, cercando di non lasciare che un solo "orso" si avvicinasse. La lotta è continuata, ma non ci siamo arresi. Finalmente non eravamo lontani dal nostro accampamento e, sentendo un rumore, sono corsi ad aiutarci. Abbiamo raggiunto il nostro obiettivo!

Non ho mai sperimentato un tale rialzo in vita mia. Tutti gridavano e agitavano le mani. E poi è meglio: la "mia" ragazza è corsa dritta verso di me e ha saltato di gioia. Ricordo che poi ci siamo abbracciati. Ero sudato, sporco, senza fiato, e lei mi ha abbracciato! Sono stato felice!
E mi sono svegliato.

Svegliato! Quindi era solo un sogno? Non può essere! Tutto era come nella vita: altrettanto brillante, vivace, emotivamente! Non voglio dimenticarlo. Un sogno così vivido e realistico deve significare qualcosa di importante. Interessante... beh, potrei pensarci un'altra volta: il calcio sta iniziando e non perderò questa partita per niente al mondo! Ma che dire di una specie di partita di calcio quando parliamo della cosa più importante della vita, delle verità universali? Risposta: Il fatto dell'enorme popolarità dei cosiddetti giochi sportivi ci dice molto su dove si trova ora l'umanità sul suo percorso evolutivo e indica anche ai saggi ciò che dobbiamo superare. Non c'è, ovviamente, nulla di sbagliato nello sport in sé e per sé.

In generale, fare sport è un buon modo per liberare energia fisica ed emotiva e, ovviamente, è molto meglio della guerra (che in realtà è sempre stato uno sport per persone aggressive). Nel nostro tempo, quando anche le guerre sono diventate terribile da elogiare, non è un caso che lo sport abbia cominciato a guadagnare sempre più popolarità. Sebbene gli sport agonistici siano generalmente abbastanza innocui, questo è un esempio che ci mostra non solo la forza dell'"attrazione" della materia che dobbiamo superare, ma anche quanto siamo suscettibili agli influssi di antiche forme pensiero nell'aura del Terra, o, in altre parole, alla memoria degli antenati. (E ci sono molti altri esempi che non sono così innocui.) Dobbiamo anche capire che le persone vivevano in tribù e cacciavano per milioni di anni, cioè molto più a lungo del periodo dell'agricoltura e del commercio. Inoltre, la sopravvivenza stessa di una persona dipendeva dal successo della caccia. Questo spiega perché tali forme pensiero sono molto più forti di quelle apparse molto più tardi. Come discusso nella sezione precedente di questo libro, ci sono persone che, anche adesso, stanno appena iniziando a uscire da queste fasi iniziali del processo evolutivo. Lo sport è solo un esempio di quanto forte ed emotivamente il nostro passato ci tenga.

Se non credi che lo sport derivi da forme pensiero antiche, facciamo un'analisi. Qualsiasi gioco sportivo di solito inizia con il fatto che si riuniscono gruppi (o, nel caso più semplice, coppie) di persone in competizione. Spesso nei giochi vengono utilizzati mazze, racchette o mazze che assomigliano a mazze o asce, così come palline o oggetti simili (delle dimensioni di un piccolo animale o uccello). Questi oggetti devono essere passati sopra o intorno a qualche ostacolo, entrare nel "cestino" o nel "cancello", martellarli con un bastone o una stecca in una buca, ecc. Questo non assomiglia al processo di cattura e martellamento della preda di caccia e consegna è "casa"? In questo caso, devi superare in astuzia o sopraffare un'altra tribù ... cioè un'altra squadra. Nei grandi sport la squadra avversaria è sempre di un altro posto, solo i bambini giocano a giochi sportivi "tra di loro".

È curioso che gli americani ancora oggi chiamino il pallone da calcio"pelle di maiale" (pelle di maiale). È necessario avere una grande immaginazione per vedere in questa palla il maiale del mio sogno, per il quale due gruppi di persone primitive hanno combattuto così ferocemente? (Soprattutto quando si tratta di football americano.) Come ho già detto, la maggior parte dei "giochi sportivi" sono generalmente esempi innocui dell'influenza di forme pensiero antiche e non molto antiche, conservate nell'aura terrestre, associate all'ottenimento del cibo.

Ma ci sono molti di questi "resti del passato" che possono essere molto pericolosi.Basti ricordare le sanguinose guerre per la terra che si svolgono ancora oggi. I popoli si battono per il diritto di possedere il territorio in cui i loro antenati vivevano migliaia di anni fa. So che questo è un argomento delicato, perché ci sono state occupazioni e sfollamenti forzati, e alcune persone hanno il diritto legale di chiedere loro la restituzione della loro terra natale (ovviamente, tutti hanno diritto a uno spazio di vita dignitoso). Ma questo attaccamento al "suolo", quando è portato all'estremo, impedisce a una persona di guardare "in alto" e di concentrare i suoi sforzi sulla via dell'ascesa alla nostra vera Patria.

Nel corso della nostra vita, l'Anima può di tanto in tanto desiderare che una o più persone si muovano, in modo che comunichino con altre persone e ricevano nuove lezioni. Rimanendo nello stesso posto per molto tempo, le persone arrivano alla stagnazione, perché qui tutte le lezioni sono già state passate. Non c'è da stupirsi che l'umanità stia diventando sempre più mobile e*globale*Comunità. Le persone illuminate sfruttano le nuove possibilità di libertà per diversificare la loro esperienza e imparare qualcosa. Tornando alla questione di come lo sport si inserisca nel quadro più ampio, c'è un altro punto importante da sottolineare. Affinché un oggetto possa volare (questo è noto a qualsiasi pilota), la forza di sollevamento deve superare la forza di gravità.

Lo stesso vale quando si raggiungono altezze spirituali. Come con un aeroplano, ci sono forze che vogliono sollevarci e forze che vogliono tenerci giù. Le energie che ci elevano alle vette spirituali e ci fanno avanzare verso una nuova coscienza lo sonoguide planetarie divine, così come la nostra stessa Anima. Sono contrastati da forze che vogliono tenerci giù; alcuni di essi sono evidenti e sono chiamati "le forze del male", altri non sono così evidenti e quindi più difficili da superare. L'energia della materia stessa ha vibrazioni molto basse (in senso spirituale) e affinché i regni superiori, compreso l'uomo, possano progredire, questa proprietà della materia deve essere superata. Gran parte di ciò che accade nel mondo fisico è una "lotta" tra Spirito e materia, che si manifesta nell'uomo come una lotta tra Anima e personalità.

Come discusso nella sezione precedente, l'universo è il nostro insegnante. Pertanto, stai particolarmente attento al simbolismo: puòdire molto. Il livello più pesante della materia è il regno minerale, che è essenzialmente inconscio e immobile. Il prossimo regno, meno pesante, e con l'inizio della coscienza, è il regno delle piante, che hanno una mobilità limitata. Poi arriva un regno ancora più leggero con una coscienza e una mobilità ancora maggiori: il regno animale (la classe degli uccelli è anche associata al regno dei deva). E, naturalmente, il regno umano (nel suo insieme) è il più leggero e mobile di tutti i regni sul piano fisico. Molti non si rendono conto che i regni superiori o spirituali sono così leggeri (e illuminati) che non possiamo nemmeno sentirli fisicamente, e ovviamente hanno già raggiunto quella che chiameremmo libertà quasi illimitata.

Sappiamo anche che il regno vegetale distrugge e consuma gradualmente il regno minerale, che, a sua volta,assorbito dal regno animale (e dalla forma animale dei nostri corpi umani). Questi processi fisici corrispondono all'ascesa della coscienza nei regni superiori. Ad esempio, quando noi (o membri del regno animale) mangiamo piante, la nostra energia superiore è effettivamente benefica per il regno vegetale. Un'altra cosa è quando le persone mangiano animali, perché l'energia di questi ultimi è spesso forte e grossolana e, agendo su una costituzione umana più sensibile, ha un effetto ruvido. Cerca sempre in termini di energie!Pertanto, molto spesso l'uso della carne non è incoraggiato nella pratica spirituale e, se è consentito mangiare carne, si raccomanda la carne delle classi di animali inferiori e meno crudeli: pesce, frutti di mare, ma non carne di mammiferi carnivori . E quindi, a proposito, noi umani lavoriamo termicamente la carne per il cibo, usando il potere insito nel fuoco per espellere alcune delle energie animali grossolane.

Parliamo di obiettivistadi superiori dei regni.L'obiettivo principale del regno minerale è acquisire la qualità dell'organizzazione. Guarda qualche bel cristallo e pensa a quanto deve essere alto il livello di organizzazione per raggiungere tale perfezione. È interessante notare che lo stadio più alto nell'evoluzione del regno minerale è considerato la radioattività, quando la forma non è più in grado di sostenere la vita che la abita - e ancora una volta si tratta di un alto grado di libertà. Qualcosa di analogo a tali trasformazioni sul piano fisico avviene anche nei regni sottili. Quando la coscienza dei minerali più avanzati sale gradualmente al livello del "primo piano" del regno vegetale, l'essenza della loro anima viene trasferita in questo regno.

Quindi inizia il viaggio verso un nuovo livello di coscienza. Quando la vita vegetale più semplice si sviluppa in forme sempre più elevate (compresi gli alberi, spesso chiamati i "polmoni del pianeta"), l'anima (di gruppo) si risveglia. Alla fine, arriva il culmine in cui "l'anima" può manifestarsi attraverso la bellezza dei fiori: la libertà si esprime attraverso la loro capacità di irradiare odore e colore, che attira gli insetti più sviluppati, così come gli uccelli e le persone. Noi il popolo onoriamofiori quando li usiamo nei nostri rituali più importanti e riconosciamo il loro sottile potere curativo quando li diamo agli infermi.

L'obiettivo del regno vegetale è imparare a sentire. A poco a poco, questo porterà a emozioni e desideri elementari, quando l'energia dell'anima passerà nel regno animale.L'onda della vita si sta muovendo attraverso il regno animale, la complessità e la mobilità degli organismi è in aumento; finalmente l'onda raggiunge il più alto tenore di vita in questo regno: gli animali domestici. Hanno la massima libertà di movimento, mentre vogliono e possono accompagnare una persona ovunque. Pertanto, quando addomestichiamo un animale che può essere reso domestico, cambiamo lo spirito animale in esso in "preumano", e in una certa misura inizia a considerarsi uno di noi.

L'obiettivo del regno animale è acquisire gradualmente emozioni e desideri e quindi sviluppare questi sentimenti a un livello quasi mentale. (Sappiamo che alcuni animali domestici sono abbastanza intelligenti.)Poiché questo regno inizia con esseri unicellulari, questi processi richiedono lunghi periodi di tempo. Bene, è tutto fantastico, ma cosa c'è per noi? Il problema per l'umanità è che mentre tutti i regni stanno lottando per l'illuminazione a lungo termine, le energie forti e grossolane della materia, l'inerzia della materia, ci stanno trascinando verso il basso. In una parola, il problema è il materialismo.

L'umanità non si rende conto di quanto sia forte l'influenza di queste forze sul nostro regno e di quanto siamo suscettibili ad esse.Le cose (materia) hanno accecato la maggior parte di noi.

Siamo così profondamente immersi nel loro incantesimo che non li notiamo più. Per noi è come l'acqua per i pesci. Si dice che "l'amore per il denaro è la radice di ogni male". Ed è vero. L'amore per il denaro (materiale) è infatti la radice di quasi tutto ciò che è cattivo nel mondo umano. Le tre "M" - materialismo, monetarismo e militarismo - non sono malvagie in sé stesse e svolgono anche un ruolo necessario nell'evoluzione umana. L'unico problema è il nostro attaccamento eccessivo alla loro energia. E il brutto è che le nostre istituzioni pubbliche sostengono questa mentalità.

Qui va sottolineato che la materia grossolana ci offre un'altra, ancora più pericolosa illusione: a livello di materia, tutto sembra esistere.separatamente. Molto spesso, quando siamo nel regno umano, non ci rendiamo conto che ne facciamo parte e siamo connessi con tutti gli altri in esso, così come con tutto ciò che è in tutti gli altri regni, sull'intero pianeta e anche in l'intero universo. Una volta compreso questo, ci sarà la fine delle guerre, del crimine e del danno intenzionale agli altri. Inizieremo ad aderire alla regola d'oro: trattare gli altri nel modo in cui vogliamo che gli altri trattino noi. (Ne parleremo di più presto.)

Dobbiamo capire che il regno umanoBisogna anche lavorare per guadagnare la libertà, ma non siamo liberi se ci aggrappiamo alla materia!Nel corso della storia dell'evoluzione umana, tutti i maestri spirituali hanno sottolineato la necessità di superare il nostro attaccamento al materiale. In effetti, non possiamo "servire due padroni". Quando concentriamo le nostre energie sulle cose materiali, ci priviamo della capacità di sostenere la crescita della nostra coscienza. Una persona ottiene la massima libertà quando prendiamo il controllo della nostra vita e ci liberiamo dall'incantesimo della materia, quando iniziamo ad agire a livello dei nostri corpi superiori sotto la guida diretta dell'Anima. Così facendo, alla fine entriamo consapevolmente nel sentiero del discepolato spirituale. Allora solo noi, infatti, diventiamo persone nel pieno senso della parola!

"Materiale" non è solo "cose" sul piano fisico che possono essere ascoltate, viste, toccate, gustate, annusate. Ci sono corrispondenze più elevate di materia ai livelli inferiori di tutti i piani. Prendiamo ad esempio il piano astrale: là sorgono i nostri desideri,associato a ricchezza materiale, denaro e sensazioni fisiche (comprese quelle sessuali). Al livello più basso del piano mentale, scopriamo come soddisfare la nostra avidità e senso di superiorità e ci convinciamo che esiste solo la realtà che sperimentiamo fisicamente. È ora di smettere di sprecare così tanta energia a questi livelli bassi e relativamente materiali!

È risaputo che molto spesso le persone che hanno salvato tutte le loro vitericchezze, diventano molto infelici e devastati con l'età e finiscono la loro vita come creature semplicemente miserabili. Succede che anche la vita dei loro figli fallisca, perché insieme al denaro ereditano valori distorti. Si può giudicare lo stato evolutivo di una persona ricca (o potente) dal fatto che stia solo cercando di mantenere i suoi privilegi e capitali, o se è incline a prendersi cura dei meno fortunati e sostenere un ordine più giusto che offra a tutti pari opportunità usare le risorse terrene.cose buone. Davvero felici sono quei ricchi che vedono la Luce e si liberano dalle catene del materialismo; tali spesso diventano grandi filantropi.
Gli esseri altamente sviluppati hanno detto bene: "A chi molto è dato, da questo molto sarà chiesto".Abbiamo bisogno di valutare costantemente su cosa stiamo spendendo le nostre energie. Il nostro modo di vivere non solo influenza il nostro ambiente circostante, cambiandolo in meglio o in peggio, ma mostra anche ai mentori dell'umanità se stiamo imparando qualche lezione per noi stessi e se siamo pronti ad assumerci ancora più responsabilità.

Pertanto, molti ricercatori spirituali preferiscono vivere con modestia e senza pretese e considerano degno qualsiasi ambiente che va dall'ascesi alla modesta prosperità. Dopotutto, la vera bellezza è semplice e discreta. Questo non significa in alcun modo una speciale nobiltà di povertà. Dobbiamo sforzarci di essere i Padroni della nostra vita e non essere schiavi né del denaro né della povertà! La chiave qui, ancora una volta, è la capacità di distinguere e il senso delle proporzioni quando si definiscono le priorità.

# Individualizzazione Del Libero Arbitrio

Abbiamo già detto che la qualità distintiva del regno umanoè il libero arbitrio. Nel regno animale c'è un'anima di gruppo per ogni specie animale, e quindi il comportamento dei rappresentanti di una specie è abbastanza simile e tipico. Noi umani siamo completamente imprevedibili, almeno fino a quando la nostra personalità non diventa intera e quindi si allinea e si fonde con l'Anima. Dovremmo in qualche modo invitare l'Anima in noi stessi e imparare a seguirne la guida. Fino a quel momento, raccoglieremo i frutti della nostra incapacità di usare il libero arbitrio, sperimenteremo dolore e sofferenza, continuando a fare scelte distruttive più e più volte, finché non ci rendiamo finalmente conto che nessuno dovrebbe perdere nella vita. E sarà molto meglio se agirai con saggezza e ti sforzerai in gruppo, cioè manifesterai le qualità dell'Anima.

Il libero arbitrio è richiesto nelle prime fasi dell'esperienza umana per costruire una forte personalità individualizzata. Quindial fine di integrare le componenti della personalità (fisica, emotiva, mentale). E poi - per allineare l'intera personalità con l'Anima. Diventare una personalità intera, allineata, che dimostri le qualità dell'Anima: questo è l'obiettivo di una persona allo stadio attuale dell'evoluzione! Tutto ciò è necessario per acquisire le qualità uniche che ci consentiranno in seguito di svolgere il nostro ruolo speciale nel Piano Divino. Se una persona è in contatto con la sua Anima, già ora lo percepiamo come una personalità integrale.

Nella sezione precedente, abbiamo parlato del tipico ciclo di vita umano come riflesso del più ampio ciclo di vita del regno umano sul sentiero dell'evoluzione. Da un punto di vista globale, è interessante osservare come gli stati e le altre istituzioni pubbliche spesso seguano lo stesso modello di ciclo di vita di una persona. Ad esempio, gli stati giovani (o gli stati guidati da leader spiritualmente sottosviluppati) di solito si comportano come i giovani: sono appassionati di forza fisica (militare), "bellezza" (aspetto) e accumulazione di giocattoli (prodotto nazionale lordo). Al contrario, i paesi sviluppati di solito apprezzano di più la saggezza, l'arte e la vera bellezza. In altre parole, per loro, l'aspetto qualitativo della vita è al primo posto, e non quello quantitativo.

Sembra che ora sarebbe opportuno dare definizioni più chiare e più ampie della "personalità" individuale, oltre che di "Anima" e "Spirito". Nel linguaggio della scienza spirituale, "personalità" è definita come i tre corpi inferiori di una persona - o quattro se il corpo eterico è considerato separato da quellofisico; gli altri due sono il corpo emotivo (corpo del desiderio, corpo astrale) e il corpo mentale. Abbiamo già parlato dei "livelli" o "piani" dell'essere, ma dobbiamo tornare di tanto in tanto su questo argomento per andare avanti. Certo, sappiamo bene qual è il nostro corpo fisico e forse diamo per scontato tutto ciò che riguarda la sua attività vitale. La Vita, infatti, è fornita dalla presenza di un corpo eterico o energetico (talvolta chiamato vitale, cioè "vita"). Quando il nostro corpo energetico si disconnette, significa morte (fisica). (Nella prossima sezione parleremo in dettaglio del nostro corpo energetico.)

Quando dormiamo o siamo inconsci, viene mantenuta la connessione con i corpi superiori, ma non necessariamente penetrano nel corpo fisico. Infatti, la "vita" sul piano fisico è decadimento (e questo lo si vede osservando una pianta appassita o un animale morto), poiché si scompone nelle sue parti costitutive per diventare qualcos'altro. Certo, questa funzione è molto importante al suo livello, ma gioca un ruolo secondario quando il corpo è occupato con la Vita.In altre parole, il nostro corpo fisico non è altro che un abito in cui ci fa comodo ricevere le nostre lezioni, ma non è eterno e quando indossiamo il "vestito", dobbiamo liberarcene nel modo più modo igienico. Questo è uno dei motivi per cui la cremazione sta diventando sempre più parte della coscienza umana ea cui si ricorre sempre più spesso: la cremazione purifica e sprigiona energie per un nuovo uso, altrimenti si decomporrebbero e inquinerebbero l'ambiente.

Pertanto, ha molto più senso nella cremazione che insprecare energie e materiali preziosi su un cadavere già inutile.È molto importante capire che il modo in cui viviamo ora determina come sarà il nostro corpo nella prossima vita (e questo è un altro motivo per cui dovremmo seguire la guida dell'Anima). Infatti, con le nostre azioni creiamo tutto futuroconduttori (corpi) per la prossima incarnazione della sua personalità, inclusi astrale e mentale. Le nostre emozioni e desideri ci sono ben noti, ma dobbiamo anche essere consapevoli che esistono in uno "spazio" speciale, vasto e potenzialmente pericoloso - sul piano astrale.

Il pericolo è connesso al fatto che ai suoi livelli inferiori, nel "mondo astrale", si nascondono le paure collettive, la rabbia e l'odio dell'umanità, i semi della violenza. Sfortunatamente, molte persone trascorrono la maggior parte del loro tempo sul piano astrale. Pertanto, è molto importante "calmare le acque" delle nostre emozioni e sviluppare l'autocontrollo. E allora avremo una chiara "superficie" riflessiva su cui possono essere impresse energie spirituali superiori.

I maestri dell'umanità hanno sempre usato il simbolismo dell'acqua quando davano le loro istruzioni sul piano astrale (emotivo); quindi, considerando le qualità dell'acqua (liquida), puoi imparare molto al riguardo. Quando le vibrazioni dell'acqua diminuiscono, diventa dura e fredda (ghiaccio); quando le vibrazioni sono troppo elevate si trasforma in vapore (passaggio a livelli superiori). L'acqua "goccia dopo goccia consuma la pietra"; dissolve i minerali. Allo stesso modo, i regni superiori (mentale e spirituale) distruggono e consumano quelli inferiori (fisico e astrale).

Tutti i nostri desideri ed emozioni provocano la secrezione di vari fluidi: l'anticipazione è associata al rilascio di sudore o saliva, gioia e tristezza - con lacrime, paura intensa - con minzione, eccitazione sessuale - con il rilascio dei corrispondenti segreti sessuali. Quando ci ammaliamo, anche il nostro corpo rilascia liquidi in modi e luoghi diversi.Questa connessione si riflette inconsciamente nel nostro vocabolario: provando forti emozioni, "bolliamo", "congeliamo", "sciogliamo", "esprimiamo sentimenti", ecc. Abbiamo già detto che l'universo è il nostro maestro. Pertanto, in tutto ciò che serve cercare la conformità!

Un grande maestro dell'Oriente disse: "Per liberarsi

della sofferenza, prima liberarsi dei desideri".Conquistando gradualmente i tuoi desideri sentiremo sicuramente come la nostra sofferenza diminuisce e diventiamo più felici. Abbiamo già parlato (e continueremo a parlare) di quanto sia importante non attaccarsi a nulla. Passiamo ora al corpo mentale di una persona. La mente inferiore o concreta è quella parte della nostra mente che preferisce smontare tutto e analizzare. È orgoglioso della sua logica e, come accennato nella sezione precedente del libro, è chiamato "l'assassino del reale" perché non vede l'intero quadro dell'universo. (Questa è la prerogativa dell'Anima.)

Le delusioni della mente sono molto più insidiose delle illusioni del piano delle emozioni e dei desideri, e altrettanto eccitanti. Quelle persone che attraversano lo stadio di polarizzazione al livello più basso del piano mentale sono convinte che non c'è altro che il fisico, e che la vita incredibilmente complessa - e in generale l'intero universo manifestato - è nata come risultato di una serie di casuali eventi. Tale pensiero si basa sulla credenza in assurdità come: "se un numero sufficientemente grande di scimmie è autorizzato a giocare con una macchina da scrivere, almeno una di loro, prima o poi, "inciampa" accidentalmente in un'opera letteraria di genio".

Il pensiero concreto ha portato alcune persone abbastanza intelligenti all'illusione che il nostro intero pianeta, con la sua straordinaria bellezza e complessità, autosufficiente,la vita auto-migliorante, autoregolante e persino autocosciente è apparsa per caso, secondo le leggi della probabilità! Se ho offeso qualcuno dei lettori, mi scuso. Ma tali convinzioni sono il risultato di un pensiero limitato ed è tempo di metterle alla prova.È tempo che l'umanità si svegli; È tempo che le persone inizino a pensare davvero, a porre e a risolvere domande difficili, e non solo a credere alle supposizioni errate di qualcun altro. Come accennato in precedenza, l'illusione più grande e più pericolosa della mente concreta è l'illusione della separazione. La mente superiore sa che tutto è unito! Ma tutti dobbiamo andare per la nostra strada per liberarci dalle catene del piano astrale e dal suo "fascino" emotivo. Anche queste informazioni sono sufficienti per capire facilmente perché il nostro piccolo io ci dà, così come tutti i membri del regno umano, tanti problemi.

La natura umana è tale che siamo tutti concentrati solo su noi stessi, siamo interessati solo a "io, me, mio", solo il nostro corpo fisico con i suoi appetiti, solo i nostri desideri, che invariabilmente ci portano a un vicolo cieco, e il nostro mente molto limitata, impegnata principalmente nelle proprie illusioni. (Ora non stiamo parlando della mente astratta o superiore, che fa parte del nostro sé spirituale.) Per tutto il tempo, per molte vite, l'Anima osserva e dà istruzioni alla personalità, che continua a migliorare, finché, finalmente, diventa chiaro che la personalità si è sviluppata bene. L'anima sa che ora la persona deve costruire un ponte arcobaleno che collegherà la personalità con l'"io" spirituale superiore (che è sempre esistito sui suoi piani).

Ma qui c'è un problema: la personalità ama tutte le cose come sono; è soddisfatta della situazione, le piace comandare e non cederà il suo potere. È interessante notare che negli Insegnamenti di Saggezza, la personalità umana (a questo punto dell'evoluzione) è chiamata il "Guardiano della Soglia": dopotutto, vuole mantenere il suo controllo e ci impedisce di raggiungere e connetterci con il nostro superiore, o spirituale , "IO". Questa è la causa principale di tutta la sofferenza umana. inferiore, l'"Io" mondano resiste costantemente alla guida dell'Anima alla penetrazione della sua energia. In definitiva, l'intero conflitto si riduce alla resistenza della materia allo Spirito (e noi siamo ancora in gran parte materia). Il suo risultato è il dolore, che si manifesta immediatamente o dopo, perché "come semini, così raccoglierai" (in alcune tradizioni questo è chiamato "karma"). Non ci vuole molta immaginazione per immaginare come cambierebbe il mondo se la maggior parte delle persone non si concentrasse sulla propria personalità, ma sul tuo corpo spirituale. Già adesso, in presenza di una persona la cui personalità è "impregnata" dall'Anima, si sente pace interiore, luce e una grande voglia di fare del bene!

Quindi quella era una descrizione semplificata della persona. E qual è l'"io" spirituale superiore? La nostra triade spirituale, o corpi spirituali, esiste sui piani (nelle "sfere") dei tre attributi divini che abbiamo già menzionato: Volontà Divina, Amore-Saggezza, Ragione (astratta) superiore. Formano la Santissima Trinità, oi tre Raggi di Aspetto dei sette Raggi Cosmici Divini di Energia. È difficile da spiegare e capire veramente, perché le nostre componenti spirituali sono ancora effimere perché le nutriamo troppo poco. Ma tutti noi abbiamo momenti a volte in cui raggiungiamo le vette di bei pensieri, creatività, saggezza, puro amore e vediamo un barlume del nostro vero potenziale.

Ora il nostro pianeta e il nostro sistema solare stanno attraversando un lungo periodo di crescita e la qualità più importante di cui l'umanità ha bisogno per sviluppare è la qualità del Secondo Raggio: l'Amore. Il nostro Dio è il Dio dell'Amore. Nel precedente ciclo di vita del nostro sistema solare, il nostro Dio era (principalmente) il Dio della mente e dell'attività. Questa è la sequenza dello sviluppo spirituale: prima acquisiamo intelligenza, poi Amore (e possiamo amare intelligentemente). Ora abbiamo così tanta intelligenza (senza amore) che ogni problema immaginabile ci viene lanciato. È ancora difficile per noi comprendere l'Amore a livello spirituale. Ciò che consideriamo amore è principalmente amore per noi stessi o per i nostri simili. Stiamo appena cominciando ad acquisire la qualità di cui parlavano i maestri dell'umanità: amore per i lontani, amore per i nemici. Soffermiamoci su questo punto importante in modo più dettagliato.

La prima cosa che mi viene in mente è: come posso amare qualcuno che non mi piace o che nemmeno conosco? Questa è l'intera differenza trapersonalità e il nostro "Io" superiore, divino. Di passaggio, notiamo che allo stadio attuale dello sviluppo umano, il nostro "Io" spirituale è rappresentato dall'Anima. Ma alla fine, anche l'Anima non sarà più necessaria per noi: ascenderemo nel regno stesso dello Spirito Santo. Abbiamo già detto che un altro problema è il nostro linguaggio moderno. È facile capire perché tanta saggezza scritta nel mondo si basi sulle lingue antiche: esse (sanscrito in particolare) hanno parole ed espressioni che esprimono le realtà spirituali in modo molto più accurato. Le traduzioni della Sacra ScritturaLe lingue occidentali moderne sono spesso corrotte e dobbiamo prendere in prestito parole da altre lingue per esprimere meglio verità profonde.

Ma torniamo all'Amore e cerchiamo di capirlo. Cominciamo con parole come "compassione" e "simpatia". Il significato più alto e il significato più sottile di parole come "intuizione""mente pura", "comprensione", "purezza", "integrità", "cura", "verità", "simpatia", "coraggio", "illuminazione", "grazia", "favore" aiuteranno a rivelare meglio il significato del vero Amore spirituale. È qualcosa di molto lontano da una personalità sentimentale, egoista e legata al sesso. Non appena iniziamo a vedere le altre persone per come sono realmente, cioè esseri, come noi, che passano il sentiero dell'evoluzione (consapevolmente o meno), le loro caratteristiche ci diventeranno più chiare. Quando vedo me stesso e la maggior parte dell'umanità come i bambini sul percorso spirituale che siamo veramente, diventa molto più facile per me capire gli altri (e me stesso); allora l'amore germoglia per tutto e per tutti. Si apre una prospettiva più alta e cominci a realizzare che cos'è l'Amore spirituale senza alcuna condizione. Quella'

## Cattivo

Parlando dell'Amore, si dovrebbe anche menzionare la sua assenza, ciò che chiamiamo male.Il bene e il male non sono determinati da leggi arbitrarie, trasmesse a noi da qualche divinità incomprensibile. Il bene è ciò che risulta essere il bene più grande per la maggior parte delle persone; il male è ciò che provoca danno e sofferenza. Tutto sembra così semplice; ma continuiamo a fare del male a noi stessi e agli altri.

In termini di energia spirituale, Amore e Luce sono due aspetti della divinità e l'opposto dell'Amore è la paura. Perciò, quando la luce dell'Amore è oscurata, appare l'ombra della paura. Se lasciamo entrare la Luce, allora la paura si trasformerà in Amore. Se non lo facciamo e lasciamo che l'ombra diventi oscurità, allora sul piano astrale la paura si trasformerà in odio, e sul piano fisico si trasformerà in violenza. Si instaura un circolo vizioso: la paura genera odio - che porta alla violenza - che genera paura e la palla di neve cresce e cresce.Così funziona il male: tutto nasce dalla paura!

Ogni volta che qualcuno semina paura, tutto questo gioca nelle mani delle forze oscure! Non si tratta di quelle grandi e piccole ansie giustificate che sono inevitabili sul nostro cammino umano. Possono essere affrontati in modo saggio e illuminato. C'è da sottolineare ancora una volta: a livello di materia, tutto sembra essere separato. La materia, invece, ha corrispondenze sui livelli inferiori di tutti i piani (astrale, mentale, ecc.), perché questi livelli, in sostanza, rappresentano le energie più grossolane e pesanti dei piani corrispondenti. Quindi, quando sono coinvolti i livelli inferiori del piano emotivo o mentale (e spesso lo sono), ci percepiamo come separati dagli altri e, in questo caso, emerge facilmente un'ombra di paura.

In sostanza, tutto il male deriva dall'illusione della separazione e dalla sua eco, l'illusione della mancanza.L'universo è abbondante, ma noi umani creiamo il nostro svantaggio con la nostra avidità, ignoranza e stupidità. E cominciamo a credere che possiamo fare qualcosa per il nostro beneficio, anche se fa male. male agli altri. Dopo aver attraversato questa fase e rendendoci conto che siamo tutti parte di una grande Unità, iniziamo davvero a "fare agli altri quello che vorremmo che facessero a noi", perché se siamo parte di Dio, o dell'Universo, allora gli altri siamo noi e mangiamo! Sentiamo questa connessione anche a livello personale quando passiamo a sentimenti più elevati, come la genitorialità o l'amore. Dobbiamo capire che ai livelli più alti siamo parte dell'Universo e siamo connessi con tutto ciò che esiste in esso. A questi livelli, tutte le componenti della Vita planetaria sono interconnesse, ed è direttamente connessa con la Vita solare, che è parte integrante della Vita Cosmica (o Dio). Questo spiega perché gli Esseri Divini si identificano con Tutto ciò che è, e perché l'Anima si manifesta con vera compassione a livello umano.

La simpatia è la corrispondenza più bassa di "Identità Divina!" Una volta compreso questo, ci sarà la fine delle guerre, del crimine e non faremo più del male intenzionalmente ad altre persone. Quindi seguiremo veramente la Regola d'Oro e inizieremo a trattare gli altri nel modo in cui vorremmo che trattassero noi. Siamo una sola umanità, un pianeta, un sistema solare, un cosmo, e tutto questo fa parte di un'unica Vita. Pertanto, l'umanità, quando alla fine si unirà e diventerà illuminata, renderà la Terra un pianeta sacro. Se potessimo vedere l'intero quadro, vedere l'intera portata dell'evoluzione umana, vedere come alla fine impariamo le lezioni necessarie e, crescendo, non facciamo più del male a noi stessi e agli altri, allora il male e la sofferenza prenderebbero il loro giusto posto in questa immagine.

Il dolore e la sofferenza, così come li sperimentiamo, sono condizioni temporanee! E la nascita di un bambino è solitamente associata a un disagio temporaneo ed è difficile prendersi cura di un bambino. Ma quando i bambini crescono, tutti i momenti spiacevoli vengono dimenticati e la comunicazione con loro porta gioia. Dobbiamo capire che siamo tutti "figli di Dio" e, avendo vissuto innumerevoli vite, usciremo dalla fase iniziale dell'ignoranza; avendo sperimentato il dolore a causa di azioni sbagliate, alla fine dirigeremo le nostre energie verso buone azioni! Man mano che la nostra coscienza cresce, creiamo un karma più positivo piuttosto che danneggiarci.

Il male prevale nel mondo principalmente a causa dei pensieri e delle azioni delle persone su due livelli. Ad un livello, l'astrale inferiore, soccombiamo all'inerzia della materia, siamo sedotti dal lato sensuale delle cose e della vita materiale e vogliamo averle per sempre. Questo è il risultato della stupidità e dell'ignoranza (si potrebbe dire "peccato di omissione"). Può essere superato impegnando la nostra mente e "volontà" superiori e facendo ciò che sappiamo essere giusto, elevando l'energia della materia a un livello più alto, non permettendo alla materia grossolana di trascinarci verso il basso.

Su un altro livello, il livello mentale inferiore, ci sono forme pensiero create da coloro che sostengono deliberatamente le forze oscure e cercano di impedire l'illuminazione delle persone. Qui regna il "peccato di permettere". Queste energie sono alimentate da coloro che amano il potere e sono sedotti dall'illusione dell'importanza della propria persona. Queste persone, concentrate nella mentalità inferiore, sono più pericolose. Le forze del male usano queste persone per fomentare guerre, perché le persone buone sono involontariamente coinvolte nelle guerre, che sono costrette a uccidere e distruggere, proteggendosi.

Ciò che seminiamo è ciò che raccogliamo. Non scherzare con Dio! Coloro che ostacolano la Luce e l'Amore, anche solo nei loro pensieri, smetterebbero immediatamente di farlo, se sapessero quale catena di eventi provocano, e che tutto questo si rivolga contro di loro. Dopotutto, le energie del male possono nascere anche a livello subconscio e abbiamo bisogno di controllare i nostri pensieri, perché possono portarci lontano.Spesso puoi sentire la domanda: se c'è un Dio o Esseri superiori, allora perché non interferiscono in ciò che sta accadendo e non prevengono il male? Questa stessa domanda riflette una mancanza di comprensione del design e dello scopo dell'evoluzione e del ruolo che dobbiamo svolgere in essa.

Lo sradicamento del male è il compito principale del regno umano! Dobbiamo ricordare che la materia è (relativamente) sostanza non illuminata. E il male nelle dimensioni umane nasce dalla mancanza di Amore e di

Luce. E, anche se siamo ancora in quella fase che può essere definita "pre-divina", alla vigilia, per così dire, del nostro destino divino, prima di tutto siamo noi, il popolo, chesvolgono un ruolo fondamentale nell'eliminazione del male. Il nostro scopo (umano) è portare Luce: si combina con la materia e crea tutte le manifestazioni dell'Amore. Il male è sconfitto solo dall'Illuminazione! In altre parole, siamo stati tutti creati come parte del Piano Divino e, insieme a tutti gli altri componenti del nostro universo, siamo destinati ad essere co-creatori. Questo è uno dei motivi per cui esiste il nostro regno. In quale altro modo potremmo crescere se non ci trovassimo mai di fronte a una scelta e se qualcun altro facesse il nostro lavoro per noi?Non siamo qui per una passeggiata!

Sottolineiamo ancora: noi, il regno umano, come tutti gli altri regni, siamo destinati ad elevare la coscienza della materia; sollevalo e quindi liberalo, e non permettere alla materia di tirarci giù e non trattenerci.
Per fare questo, è molto importante aprire il tuo Cuore (centro del cuore, o chakra). Questo è necessario per noi stessi - per tutta l'umanità - e per tutti gli altri regni che compongono la Vita planetaria.Ad un certo livello del nostro essere, sappiamo tutti che il mondo come ci viene solitamente presentato non è una realtà e che molti dei valori della nostra società sono falsi valori! Ad esempio, immagina quanto sarebbe diverso il mondo se onorassimo e coltivassimo l'altruismo piuttosto che l'avidità.

Nota che l'avidità viene propagata ovunque apertamente, in modo aggressivo e apertamente, mentre si parla solo di altruismo.E se i modelli da ammirare ed emulare fossero altruisti, persone compassionevoli che in realtà fanno del bene? Ma viviamo in un mondo in cui le persone infantili con i valori più bassi, che assecondano i loro capricci per tutta la vita, sono considerate "prospere" solo perché hanno ottenuto denaro o potere temporale dal sistema e lo usano per l'auto-esaltazione. Verrà il giorno in cui l'umanità raggiungerà uno stato più maturo sulla via dell'evoluzione e la nostra società sarà abbastanza saggia da correggere completamente questa illusione. In breve, l'illuminazione umana si ottiene attraverso: la meditazione, che dapprima può assumere la forma della contemplazione orante: ci si apre alla percezione degli influssi celesti superiori. Lo studio sincero e costante è lo studio delle verità superiori in tutte le loro manifestazioni. Atteggiamento alla vita come servizio a beneficio dell'intero pianeta.

**Meditazione, studio, servizio–** questo triplice Sentiero ci permette di cominciare a sentire noi stessi l'incredibile realtà, in cui ci si aprono dimensioni superiori dell'esistenza!E non solo sono aperti, siamo incoraggiati in ogni modo ad entrare per parteciparvi e dare il nostro contributo. È interessante notare che negli insegnamenti esoterici superiori si dice che ciò che percepiamo come Amore è il riflesso inferiore della Legge del Magnetismo, la Legge Universale, che mantiene nelle sue orbite anche i pianeti ei sistemi solari.

All'inizio della sezione, abbiamo fornito esempi di come siamo attratti dal passato; ora stiamo parlando dell'attrazione del Cosmo; una persona pensante ha qualcosa a cui pensare.Finora ho provato a installare i seguenti importanti prerequisiti:

L'universo è costituito da numerosi livelli, gradi e unità

di energia, ognuno dei quali ha una propria coscienza. Tutti loro sono percepiti come materia, vita e spazio.Al nostro livello (umano) di sviluppo spirituale, la nostra stessa vita, ambiente e ogni esperienza di vita è il nostro maestro. La radice di tutto il male è nell'attaccamento al materiale e nell'illusione della separazione. Siamo "Anima" e "Personalità". L'"io" che si aggrappa al passato è concentrato solo su se stesso e si estende fino alla materia. L'anima, o il nostro "io" adulto, è diretta in avanti, verso l'esterno e verso l'alto; si prende cura del bene del tutto e della crescita della coscienza dei livelli (materia) inferiori e più grossolani.

In sostanza, ogni conflitto è un conflitto tra l'Anima e la personalità. Pertanto, il dolore sorge principalmente come risultato dell'attrito causato dalla resistenza della personalità al richiamo dell'Anima.Quelle che ci sembrano crisi nella nostra vita personale sono in realtà manifestazioni di crisi spirituali. Tutto quanto sopra può essere considerato un'introduzione alla vita spirituale per il sincero ricercatore.

## Centri Energetici, Aerei, Corpi

**Scena:**soggiorno. Giovane donna seduta su una sedia e leggere un libro. Il padre entra nella stanza.

**Padre:** Ciao, come stai? Cosa fai?

**Figlia:** Sto leggendo un libro meraviglioso sui chakra.

**Padre:** Ancora? Ascoltare! Sai nel tuo cuore che sono tutte sciocchezze! Togliti tutto dalla testa! Questi sono i tuoi guru, o qualunque cosa siano, sono già nel mio fegato. Gli darei un calcio nel culo! Lo so, so cosa stai per dire. Che sono un materialista dalla mentalità ristretta.

## Tenda.

Ecco a voi di nuovo: il Sé Superiore sa cosa rifiuta la personalità.Anche le persone che sono state portate all'incredulità nell'esistenza di corpi spirituali e centri di energie superiori, nella comunicazione quotidiana menzionano inconsciamente i chakra principali (o secondari). Come può essere! Perché scegliamo così spesso di rimanere ciechi (che significa il "terzo occhio")? Perché continuiamo a dormire quando ne abbiamo solo bisogno: svegliarsi e vedere la verità dritta intorno a te? Come puoi negare? In tutte le lingue del mondo, la parola "cuore" è associata alle qualità di puro amore, compassione, simpatia, altruismo, coraggio, ecc. Le qualità che ora vengono introdotte nella coscienza dell'umanità ("Dio è Amore "). Qualità di cui l'umanità ha così disperatamente bisogno! E questo è solo il chakra del cuore. Che dire degli altri sette (di nuovo quel numero) campi energetici principali che danno energia a noi umani?

Ma fermati. In primo luogo, è meglio soffermarsi più in dettaglio sul corpo energetico (eterico o vitale), di cui si è già parlato. Il fatto è che i centri energetici (o chakra) non esistono nella materia fisica del nostro corpo, ma nei corpi energetici che lo penetrano. Va notato che la materia eterea è in effetti fisica, ma così sottile che l'umanità non ha nemmeno gli strumenti per rilevarla, tranne che per alcune parti dello spettro elettromagnetico (questo include alcune aure eteree che possono essere catturate usando uno speciale metodo fotografico, e credo, come si chiama "campo morfogenetico").

Poiché questi centri energetici non esistono nel corpo

fisico, ma nei corpi eterici (e superiori), si deve comprendere che i loro nomi, che si riferiscono agli organi fisici (cuore, gola, plesso solare, ecc.), sono solo approssimativo indicano la loro posizione e relazione con determinate funzioni corporee.

La sostanza eterea non solo penetra ovunque, ma collega anche tutto con il Tutto. Attraverso i campi eterei, noi umani siamo "connessi" a tutta la vita sul pianeta, inclusa la stessa Vita Planetaria. E la Vita Planetaria, attraverso questa energia, è connessa con il sistema solare e la Vita Solare.Ne abbiamo già parlato: grazie a queste connessioni di energia sottile siamo parte di Dio. Comprendendo questo, è più facile percepire l'universo come un ologramma e rendersi conto che tutto è contenuto nel Tutto. Conoscendo l'energia eterea o vitale, la sua onnipervasività e che è la vera vita sul piano fisico, iniziamo a comprendere meglio l'intero universo e ci rendiamo conto che ciò che sentiamo fisicamente è solo un'ombra di ciò che è reale. esiste.

Potremmo parlare di più di questo importante aspetto della realtà, ma dobbiamo tornare ai principali centri energetici. Prima di esaminare i sette centri principali (ci sono ancora secondari), è importante sottolineare che nel corpo umano, il diaframma separa simbolicamente i quattro centri energetici superiori, o spirituali, dai tre inferiori o personali. È molto importante ricordarlo, perché man mano che la nostra coscienza cresce, le nostre energie "inferiori" vengono trasformate e trasmesse "supremo".In effetti, stiamo costruendo un ponte, un "ponte arcobaleno" (chiamato antahkarana in sanscrito) tra la nostra personalità e l'Anima, per aiutare questo processo. E ora parliamo più in dettaglio dei sette centri energetici principali. Elenchiamoli dall'alto verso il basso:

## **Chakra Della Corona**

Il campo energetico della corona ("incoronando" la testa e tutto il corpo) sembra incarnare la corona di tutte le conquiste umane sul percorso spirituale. Attraverso di essa, così come attraverso il cuore, siamo direttamente connessi con lo Spirito Divino universale. Raffigurando esseri risvegliati, gli artisti spiritualmente sensibili spesso disegnano un alone intorno alla testa o un alone sopra la sommità della testa. A volte cerchiamo inconsciamente di riprodurre questo centro della corona sul piano fisico, per crearne un surrogato. Ecco perché, nel corso della storia, i governanti di tutti i paesi del mondo si sono "incoronati", credendo vanamente (e vanamente) che questo aggiungesse loro saggezza e superiorità. In questo senso, quelle tribù primitive sono più sagge, in cui il richiedente di un copricapo speciale, che svolge un ruolo importante nei rituali,

## **Chakra Del Terzo Occhio**

È l'occhio rivolto all'interno che, man mano che la nostra coscienza si evolve e con cui entriamo in contattoL'anima si risveglia e diventa il cosiddetto "centro Ajna". Tutta la conoscenza, tutte le informazioni sono già "qui". Nell'Insegnamento questo è chiamato "nuvola di cose conoscibili". (Vedi, per esempio, "Trattato sulla magia bianca", orig. p. 456., riferito a Patanjali - apparentemente, "Yoga Sutra", 4:29). E possiamo toccare questo enorme magazzino di conoscenza (e lo facciamo!) sempre di più man mano che diventiamo illuminati. A questo stadio dell'evoluzione della coscienza, questo centro è ancora piuttosto poco sviluppato nella maggior parte delle persone. Ma tutto cambia quando acquisiamo familiarità con il processo di visualizzazione e iniziamo a usarlo per creare consapevolmente a livello di materia eterea e mentale. Di conseguenza, il chakra del "terzo occhio" inizia ad agire e otteniamo sempre più ispirazione.

L'umanità è ancora poco consapevole dell'enorme potere dell'immaginazione ispirata (cioè spiritualizzata).Attivando l'immaginazione superiore (da non confondere con il semplice sognare ad occhi aperti), ci apriamo all'ispirazione. Quindi dobbiamo cogliere questa ispirazione, rafforzarla ed energizzarla attraverso la capacità sviluppata di visualizzare e iniziare il processo creativo di costruzione di forme pensiero di grande potenziale. Così iniziamo a creare in una realtà superiore, come abbiamo fatto prima. attraverso i nostri desideri carnali - nella materia astrale. E questo è solo l'inizio. Tutti i brillanti creatori del passato e del presente, in qualunque campo applichino la loro forza, hanno qualcosa in comune: un'immaginazione sviluppata e spiritualizzata.

Ciò che cambia in seguito è che man mano che la nostra coscienza cresce, la ghiandola pineale e la ghiandola pituitaria cominceranno gradualmente a interagire, a seguito della quale verranno rivelate le nostre capacità intuitive latenti. Quanto cambierebbe l'umanità se usiamo la pura ragione, o"conoscenza diretta" (che esiste già sui piani superiori)! In ogni tempo, gli esseri illuminati hanno dimostrato questa capacità. Quando l'intuizione delle persone sarà sufficientemente sviluppata, non saremo più in grado di ingannarci a vicenda, come spesso facciamo ora, perché vedremo attraverso le bugie. È importante non confondere l'intuizione con lo "psichismo inferiore". Quest'ultimo si basa sul centro del plesso solare e si concentra principalmente sul piano astrale. Per una persona sviluppata, Ajna ("terzo occhio") diventa "l'occhio dell'anima", la sua "finestra sul mondo".

## **Chakra Della Gola**

interessante perché è il centro energetico della nostra creatività superiore. Questo centro spirituale lavora in un modo o nell'altro per tutte le persone d'arte di talento: artisti, scultori, architetti, musicisti, ecc. Nel tempo, questo centro, come tutti gli altri chakra, si aprirà (o otterrà abbastanza energia) per tutti noi, se faremo gli sforzi necessari per espandere e far crescere la nostra coscienza. Allo stesso tempo, l'energia del chakra sacrale, o centro sessuale, che ora viene utilizzata per la riproduzione (e di fatto più per l'intrattenimento), verrà trasformata e salirà al chakra della gola.

Anche dal punto di vista fisiologico esistono delle corrispondenze tra la gola e gli organi riproduttivi, più precisamente tra le tonsille (tonsille) e le ghiandole sessuali, o gonadi. Se pensi che questo suoni ridicolo, pensa ad alcune malattie - la parotite, per esempio - che colpiscono sia le tonsille che i testicoli o le ovaie. La scienza non può spiegare completamente il ruolo delle tonsille nel corpo (suppongo che questa sia una questione per il futuro). Il danno ai canali seminiferi negli uomini colpisce direttamente le corde vocali e la voce cambia.

Ecco un altro esempio: ho sentito dire che alcuni

handicappati mentalii giovani hanno abilità eccezionali in alcune aree delle arti. Ma una volta raggiunta l'età della pubertà, perdono il loro dono (è sostituito dall'attrazione sessuale). Di nuovo c'è una connessione tra le forme sacrali e della gola della creazione!È interessante notare che gli animali, a differenza degli umani, non sono capaci di baci appassionati nelle relazioni sessuali. (Per non parlare dei piaceri del sesso orale.)

## **Chakra Del Cuore**

Anche se abbiamo già detto qualcosa sul centro del cuore, ora è molto importante rendersi conto che l'umanità ha bisogno di svilupparsiqualità di Amore-Saggezza in questo nostro attuale sistema solare. Il motivo è questo: ora viviamo in un sistema solare di secondo raggio, e uno dei suoi scopi principali è quello di imprimere questa qualità divina sull'umanità. Questo è vero, perché tutti gli insegnamenti religiosi del mondo dicono che il nostro "Dio" è il Dio dell'Amore. Essendo nell'aura, o campo energetico, di questo grande Essere, assorbiremo gradualmente queste qualità spirituali del Cuore Divino (nonostante il fatto che le persone siano molto resistenti a tutte le energie nuove e sconosciute). Che momento meraviglioso sarà quando questo accadrà!

Si può immaginare come cambierebbero le nostre vite se le personecominciano a trattarsi l'un l'altro nel modo in cui vorrebbero che gli altri li trattassero. Dopotutto, allora il comportamento antisociale e le guerre sarebbero semplicemente impensabili.Forse è giunto il momento di notare che a volte i nodi energetici nei chakra sono paragonati ai petali di loto. Quando i "petali" dell'Amore si apriranno nel nostro centro del cuore, diventeremo esseri veramente amorevoli. Già ora molte persone hanno i loro centri del cuore aperti e presto il loro numero raggiungerà una massa critica. Fu veramente detto: "I mansueti erediteranno la terra" (cfr Sal. 36:11, Matteo 5:5).

Finora abbiamo parlato dei quattro principali centri energetici, situato sopra il diaframma, che sono chiamati centri spirituali. Passiamo ora a tre centri importanti, che si trovano sotto. diaframma e associati alla personalità.

## **Chakra Del Plesso Solare**

Nel corpo fisico, il plesso solare è come il "cervello" dei visceri. Il chakra ad esso associato governa la nostra vita emotiva ei nostri desideri (ma non le grandi aspirazioni). È qui che le persone meno sviluppate spiritualmente sono polarizzate - e queste persone sono ancora la maggioranza tra noi. L'energia da questo centro si trasforma gradualmente e sale al centro del cuore. Se qualcuno "inghiotti" le proprie emozioni invece di comprenderle saggiamente e con amore, questo spesso causa problemi allo stomaco o alla digestione, come un'ulcera. Quando qualcuno ci travolge emotivamente, diciamo che "non possiamo digerire" queste persone. Diciamo di qualcosa di divertente: "si può strappare lo stomaco": la risata è anche una reazione del centro del plesso solare.

## **Il Chakra Sacrale.**

Ne abbiamo già parlato quando abbiamo parlato del chakra della gola. Questo è il centro sessuale (riproduttivo), che è associato all'autostima e agli istinti controllati.

## **Chakra Della Radice:**

questo centro, situato alla base della colonna vertebrale, è associato al metabolismo, a molte funzioni dell'organismo - digestione, circolazione sanguigna, escrezione, ecc., - dada cui dipende la nostra salute fisica. L'escrezione di rifiuti grossolani (solidi o liquidi) da parte degli organi corrispondenti può essere paragonata al modo in cui la materia grossolana viene spinta verso il basso su tutti i piani (e le buone energie salgono). Il discorso di molte persone che sono più concentrate sui loro due chakra inferiori è pieno di riferimenti inconsci a questi centri. Le parole "oscene" si riferiscono quasi esclusivamente agli organi fisici corrispondenti ai chakra inferiori. Le parolacce più offensive sono legate ai genitali o agli organi escretori. È interessante notare che sono coloro che sono più "centrati" nei loro centri inferiori a trattarli con il massimo disprezzo.

Va notato che ci sono due chakra (o doppio chakra) associati alla milza, ed è anche considerato un importante centro energetico. (Parleremo della milza più tardi.)C'è qualche connessione tra i chakra e la coscienza dei piani: il chakra del cuore corrisponde al livello di Amore-Saggezza (buddhico); coronale è correlato al più alto piano divino; il chakra del "terzo occhio" — con il piano causale (il piano dell'Anima); il plesso solare e il chakra sacrale, rispettivamente, con il mentale inferiore e l'astrale. Sebbene tutti i raggi influiscano in una certa misura su tutti i chakra, alcuni chakra risuonano di più con determinati raggi in qualsiasi particolare stadio dell'evoluzione.

E parlando di chakra, il regno umano è l'unico regno fisico che cammina e sta in piedi (alcune specie di uccelli, che sono più orientate verso il regno dei deva, non contano). Il motivo è che i nostri centri superiori devono essere posizionati verticalmente. Questo non è stato fino a quando a ogni persona è stata data la propria anima (che era l'inizio del regno umano). Nel regno animale, i centri energetici corrispondenti si trovano orizzontalmente, perché gli animali studiano principalmente "movimento orizzontale". Pertanto, non possono elevare la loro coscienza più in alto. La nostra "mobilità" è diretta verso l'alto, verso la coscienza superiore.

Questo è il motivo per cui ci viene insegnato a meditare stando seduti in posizione eretta: questa postura ci allinea simbolicamente (in particolare la nostra spina dorsale e i principali centri energetici) con il nostro sé superiore. Le energie più elevate si trovano anche alla base della colonna vertebrale. Questa energia potenziale è chiamata kundalini ed è molto discussa negli insegnamenti spirituali. Se viviamo correttamente, nell'Amore e nella Saggezza, questa forza si solleva naturalmente e attiva i nostri centri energetici spirituali nella giusta sequenza e combinazione. Se questo processo è coordinato con la corretta espansione della coscienza, non c'è nulla di cui preoccuparsi. Ma è importante sapere che non puoi scherzare con la kundalini: è una forza potente e, se viene rilasciata in modo errato, le conseguenze possono essere le più tristi, fino alla combustione umana spontanea!

Oltre alla colonna vertebrale (e chakra) posizionata

verticalmente e individualeAnime, ogni persona ha una terza caratteristica unica: questa è la laringe, grazie alla quale può parlare. La laringe ci permette di esprimere i nostri pensieri, comunicare e creare in grande stile. Come già accennato, il suono ha un potere creativo (e distruttivo) molto maggiore di quanto comunemente si creda. Ma ancora una volta voglio ricordarti il bene (o il male) che ci infliggiamo, essendo sotto l'influenza di un suono armonioso (o, di conseguenza, disarmonico). Il rumore ruvido è dannoso per noi, la vera musica è buona, che sia una creazione umana o i suoni naturali della natura.

In passato, le persone sapevano molto di più sul potere di questa energia e l'uso dell'energia sonora ha permesso loro di erigere enormi strutture di pietra (molte delle quali sono sopravvissute fino ad oggi), che, anche con le nostre attuali capacità tecniche, stupiscono noi. Abbiamo ancora molto da imparare sulle antiche civiltà, e poi le nostre idee sulle loro insignificanti capacità svaniranno come fumo. Ma, come al solito, le persone hanno abusato di questa conoscenza e la conoscenza è stata gradualmente dimenticata.Pensiamo che il suono sia rumore. Ma dobbiamo ricordare che ci sono onde sonore che una persona non può sentire. I punti di forza e le capacità di questo settore dello spettro energetico sono già utilizzati, ad esempio, in medicina.

Il suono è qualcosa di opposto alla luce (o, forse, al suo riflesso inferiore). Il suono viaggia bene attraverso la materia densa e non può viaggiare nel vuoto, mentre la luce viaggia meglio nello spazio "vuoto" e non viaggia attraverso la maggior parte dei materiali solidi. Il fatto che a volte alcune persone siano in grado di vedere i suoni o di sentire i colori conferma l'esistenza di una corrispondenza tra questi due tipi di energia. Anima individuale, disposizione verticale dei chakra e della laringe (uno strumento di parola) - ecco cosa ha aiutato una persona a superare il regno animale e, alla fine, a raggiungere il livello di civiltà e cultura (e per niente il pollice teso e altri presunti vantaggi fisici di cui parlano gli scienziati).

Ora le persone stanno diventando più illuminate e presto impareremo ancora di più sui chakra, o centri energetici. Anche ora, quando qualcuno o qualcosa ci fa provare sentimenti forti, la localizzazione e la natura delle sensazioni nel corpo - nel petto, nello stomaco, nell'inguine - su molte cose.parla con una persona comprensiva. Queste sono le reazioni dei nostri chakra. Sii consapevole di loro. E, poiché viviamo in un universo energetico, dovremmo pensare in termini di spirale ascendente e distensione della vita e legge di corrispondenza. Ciò significa che la crescita fisica e spirituale delle persone, così come i rappresentanti di altri regni, così come gli esseri superiori, dipende dai centri energetici. Comprendendo questo, iniziamo a capire perché e come siamo parte di Dio, o dell'universo pensante.

Il regno umano non sta diventando solo il sistema nervoso fisico dell'intero pianeta. Sviluppa la cosa e nel centro energetico ("gola") della Vita planetaria. E i pianeti (più precisamente, i loro più alti "corpi") sono i centri energetici della Vita solare. (La maggior parte dei pianeti non sono "morti". Al contrario, su molti di essi la Vita esiste a un livello molto più alto del nostro.) I sistemi solari sono i centri energetici delle costellazioni come Esseri Viventi - e così via, fino all'intero Cosmo (visibile e invisibile), che è anche un Essere, chiamato nelle religioni "Dio". Quindi risulta che in realtà siamo creati "a immagine e somiglianza" di Dio. Parliamo del corpo energeticodell'uomo e dei suoi centri, vale la pena notare che sono noti da tempo a molte culture del mondo e non solo sono riconosciuti, ma lavorano anche con loro. Ecco perché la medicina orientale, che si occupa del corpo energetico, dei suoi chakra, meridiani e punti energetici speciali, cura malattie incomprensibili ai medici occidentali (il pensiero è limitato ai livelli inferiori del piano fisico).

Avendo acquisito una certa comprensione dei nostri corpi energetici, possiamo già spiegare perché le persone a volte continuano a sentireparti del corpo amputate: perché la parte corrispondente del corpo vitale è ancora "al suo posto". Un altro esempio: quando la circolazione sanguigna in alcune parti del corpo viene interrotta e poi ripristinata, proviamo sensazioni dolorose di formicolio - questo riporta il nostro corpo eterico al suo stato normale. Ci concentriamo nel sonno quando il contatto con il nostro corpo vitale viene improvvisamente completamente interrotto. Ciò che chiamiamo "shock" o "svenimento" si verifica quando il corpo eterico si separa dal corpo fisico. Si tratta di una misura di protezione affinché le persone (e anche gli animali) non subiscano lesioni eccessive quando minacciate di morte o provano forti dolori. Perdendo conoscenza o sveniamo, potremmo morire (o forse no), ma per noi non sarà così doloroso.

In futuro, quando l'umanità diventerà più saggia e acquisirà più conoscenzasul piano eterico e sul corpo vitale, ciò che ora sembra impossibile, diventerà abituale. Sarà possibile ripristinare (ricrescere) parti danneggiate del corpo e degli organi. Ma bisogna essere realisti: ci sono buone ragioni per cui a noi (fisicamente) prima o poi non interessa "sfinire" e "morire". Man mano che capiremo di più sulla natura dei campi di energia eterica, saremo in grado di capire come funzionano in altri regni. Saremo in grado di spiegare perché gli animali che percepiscono meglio i campi energetici possono anticipare i terremoti, migrare su lunghe distanze senza alcun addestramento preliminare, trovare la strada di casa senza errori e percepire gli "spiriti" (che sono campi energetici). La vita del regno vegetale è anche strettamente connessa con il flusso e riflusso delle energie eteriche, motivo per cui è così importante piantare le piante al momento giusto.

Ma torniamo alle informazioni sul corpo energetico vitale (o etereo) di una persona. Come gli altri nostri corpi - emotivo, mentale e spirituale - anche esso si trova su "livelli", o "sottopiani", di cui ce ne sono sette in totale. Sul piano dell'energia eterica i tre sottopiani inferiori (solido, liquido e gassoso) costituiscono ciò che chiamiamo "materia". In altre parole, tutto ciò che percepiamo come il nostro mondo fisico. I successivi due sottopiani, situati in alto, sono collegati con l'energia vitale che nutre i corpi organici di tutti gli esseri viventi. E, infine, due corpi superiori formano una sfera che si collega con l'energia "dall'alto" (sorgenti planetarie e solari) e attrae questa energia "verso il basso". Molti credono che la cosiddetta "gamma elettromagnetica" sia un sottopiano (o sottopiani) del piano eterico.

All'inizio della sua discesa, la luce del Sole penetra attraverso i livelli eterici (superiori) come un'onda, scendendo nei livelli più grossolani, diventa particelle subatomiche, poi atomi, poi, quando gli atomi si combinano in molecole, ciò che viene considerato essere materia si forma. SulAd ogni stadio, la luce diventa "più pesante" e perde la sua libertà. Quindi la molecola inerte inizia la sua ascesa attraverso i regni della natura (cellule, organi, piante, animali, persone, ecc.), riacquistando sempre più la sua libertà, e alla fine diventa di nuovo un essere libero di Luce. Dal Sole all'Anima! La "materia" o energia più sottile di ciascuno dei nostri "corpi" energetici sale al suo sottopiano superiore, dove la sua essenza è astratta in una "memoria" permanente, o registrazione di questi corpi energetici, nel cosiddetto "Atomo permanente". Gli Atomi Permanenti di tutti i nostri corpi si trovano sui sottopiani superiori e rimangono con noi per molte vite. Questi sono i "semi" o corrispondenze superiori dei nostri geni, e i "corpi" sono costruiti sulle loro basi in ogni nuova incarnazione.

Molte persone nel mondo cosiddetto (e inutilmente) sviluppato sono in cattive condizioni di salute e soffrono di malattie perché non ci rendiamo conto di quanto sia importante essere consapevoli di queste energie e capire come ci influenzano. Non solo l'aria fresca, l'esposizione al sole, l'esercizio fisico, una corretta alimentazione (soprattutto frutta, verdura, cereali, noci, ecc.) hanno un effetto benefico sul nostro organismo energetico. Poiché tutti i nostri corpi sono in effetti energetici, anche i nostri pensieri, sentimenti e azioni hanno un impatto. E i campi energetici più ampi in cui viviamo, fisici, mentali ed emotivi, influenzano anche noi, nel bene o nel male.Le persone hanno spesso notato che la salute e la bellezza interiori contribuiscono a esternosalute e bellezza. Il contrario è, ovviamente, altrettanto vero.

L'energia vitale (chiamata anche "prana") entra nel corpo umano in larga misura attraverso la milza e il campo energetico ad essa associato. Man mano che cresciamo spiritualmente (la nostra coscienza cresce), tutti i nostri corpi energetici ci collegheranno ai rispettivi sottopiani o regni superiori e il nostro vero potere aumenterà proporzionalmente.Naturalmente, questa è solo un'immagine generale e molto semplificata. Ciò che è particolarmente importante: il nostro corpo ha bisogno di essere purificato periodicamente e dovremmo accogliere queste pulizie, darle per scontate e non cercare di sopprimere il disagio fisico. Ascolta il tuo corpo e agisci con esso. Non combatterlo: non farà che peggiorare il problema. Verrà il tempo in cui il presente apparirà nella nostra società. "salute", e allora ricominceremo a ritrovare l'integrità.

Il rituale può anche svolgere un ruolo importante nella salute del nostro corpo vitale. Ecco perché gli Esseri superiori hanno impresso preghiere, inni e altre cerimonie nella nostra coscienza religiosa. Pertanto, in Occidente orasempre più impegnato nella meditazione, nella recitazione di mantra e nella pratica dello yoga. Se fatto correttamente, questo va a beneficio dei nostri corpi superiori. Quando il nostro corpo fisico è ferito, l'impronta rimane nel corpo eterico penetrandolo. Rimangono quindi cicatrici, rughe, ecc., anche se le cellule del nostro corpo si rinnovano costantemente. Le voglie (e anche alcuni "difetti congeniti") sono spesso associati a gravi danni fisici subiti in una vita passata. Sono impressi sul nostro corpo vitale e trasportati dal nostro atomo eterico permanente, che rimane con noi per molte incarnazioni sulla Terra (sebbene i "difetti" siano solitamente "guariti" in una o più vite).

Tutti i piani - astrale, mentale e spirituale - contengono una registrazione permanente della Vita e di tutti gli eventi. Il nostro "Angelo Solare" e altri Esseri Superiori hanno accesso a queste "cronache". A proposito di cicatrici e rughe, se accettiamo che le impronte digitali siano uniche, e gli scienziati ritengono che possano determinare una predisposizione a determinate malattie, allora perché molti negano che le rughe del palmo, con cui nasciamo e che sono anche uniche, possano fare qualsiasi cosa ? quindi intendi? Pensaci: perché un neonato dovrebbe avere le rughe sulle mani? Le linee del palmo possono dirci qualcosa di noi stessi. Ci sono ragioni per tutto.

Quando ci apriamo alla Luce, iniziamo a capire che tutto fa parte dell'energia interconnessa della Vita più grande. Le linee della mano, la forma della testa e molto altro nel nostro aspetto, come il tema natale astrologico, può dire molto a una persona comprensiva. Esaminando cosa si nasconde dietro questi modelli energetici, scopriamo che sono disponibili molti e vari indizi per aiutarci a capire il significato della vita. Se vuoi conoscere le corrispondenze cromatiche, la gamma dei sottopiani eterei varia dal lilla pallido al viola scuro (quasi all'ultravioletto). È interessante notare che il viola è associato al Settimo Raggio di Organizzazione e Rituale (Ritmo). Questo Raggio di energia sta ora cominciando ad avere il suo impatto sull'umanità, e la risonanza tra le energie del Settimo Raggio e le energie eteriche aprirà nuove possibilità per aumentare la vitalità del nostro corpo eterico.

Negli ultimi cento anni, l'esposizione al settimo raggio ha fatto molte scoperte in relazione all'elettricità. Ma questo non è paragonabile a ciò che deve essere (e abbastanza presto) per conoscere ciò che chiamiamo elettricità ed energie elettromagnetiche.In definitiva, tutto è costituito da aspetti di questa energia (elettricità). Parlando dei nostri corpi energetici, dovrebbe essere toccato un fenomeno, riguardo qualelitigare e che a volte viene frainteso: stiamo parlando di razzialecorpi. Come già accennato, con lo sviluppo della coscienza, anche il "veicolo" o il contenitore fisico di una persona che contiene la coscienza, migliora; elevando ed espandendo la nostra coscienza, costruiamo e miglioriamo costantemente le nostre "guide". Quanto ai nostri veicoli (corpi) "superiori", li costruiamo da una "sostanza" superiore - dai desideri, da una sostanza mentale o spirituale. Ricorda che questi corpi, come i regni in cui abitano, sono ancora più reali e duraturi di quelli fisici.
Ma ora parliamo del fisico.

Per prima cosa, immaginiamo ancora una volta il quadro completo: noi infatti siamo lo Spirito che è disceso e in parte "racchiuso" in un corpo di energia più grossolana, cioè, come viene comunemente chiamata, materia. È più corretto dire che il punto della coscienza superiore (o spirituale) è racchiuso nel corpo della coscienza inferiore (materiale). Ripetiamo quanto detto nel paragrafo precedente: il nostro Spirito è sorto come una "scintilla di Dio", ovvero la nostra più altaEssenza monadica, o Vita. Questo raggio della divinità discese, penetrando nella sostanza sempre più densa (e nelle sfere corrispondenti), fino a raggiungere la sostanza più densa: la materia. A sua volta, per miliardi di anni, questa parte della materia si è allungata verso l'alto e, dopo aver attraversato i regni dei minerali, delle piante e degli animali, si è infine collegata con il rappresentante dello Spirito, cioè con ciò che chiamiamo "Anima". E così è nato l'uomo!

Nonostante tutta la sua importanza, questo è solo un passo in un processo senza fine. È importante capire che razza, nazionalità, genere e vivere in noi"scintilla della divinità" è essenzialmente cose diverse: una è mortale, transitoria e l'altra è eterna. In alcune tradizioni, sono rappresentati da un demone (essere terreno) e un angelo (un essere celeste) seduto sulle nostre spalle. L'interazione del nostro Spirito superiore con la "materia" inferiore dei conduttori della nostra personalità dà origine al terzo: un senso di sé, consapevolezza, l'idea di "Io Sono". Tutti lo sperimentiamo e lo esprimiamo. Torniamo alle razze: è noto che la scienza le ha definite principalmente in base a parametri fisici. La Scienza dello Spirito, come sempre, scava molto più a fondo. Viviamo nella quinta delle sette (di nuovo quel numero) razze radice in questa ondata di vita umana, e ogni razza radice è composta da (indovina quante) sottorazze.

Le prime due razze radice non sono scese completamente al livello della materia, e quindi non hanno lasciato tracce fisiche. La Terza Razza Radice fu la prima razza ad esistere nei corpi fisici e ad essere istruita sul piano fisico. Il chakra della radice era il principale in quel momento. Ma anche allora, con i primi scorci della Luce, apparve il germe di un essere pensante individualizzato, e iniziò l'umanità! T Le persone della quarta razza erano più polarizzate nel corpo astrale, o corpo del desiderio, svilupparono gradualmente la capacità di pensare emotivamente e con essa la capacità di esprimere i propri pensieri attraverso la parola. In quel periodo si svilupparono i chakra sacrale e del plesso solare. Si può dire che si sono sviluppati troppo, perché le persone a volte sono cadute in eccessi sessuali e altri vizi che hanno persino superato attuale. A causa di queste tendenze degenerate, la maggior parte dei nostri antenati della quarta razza radice furono infine distruttiserie di cataclismi. Questo è raccontato nei miti e nelle scritture di tutte le culture del mondo, sebbene fossero semplificati per le persone dei tempi passati. Ci sono anche molte prove fisiche di un'inondazione globale, sebbene molte di esse debbano ancora essere scoperte in futuro.

Il principale risultato della quinta (attuale) razza radice è l'ulteriore sviluppo della mente concreta. Ancora una volta, sviluppo in qualche modo ridondante, con un'enfasi sulla tecnologia, la scienza e il pensiero logico. Sebbene questa fase sia importante e necessaria nell'evoluzione della coscienza umana, è solo un gradino sulla scala infinita della gerarchia cosmica dell'illuminazione, e anche uno dei primi gradini, ma, naturalmente, non il principale e non l'ultimo , come pensano alcune persone. Ma anche coloro che sono concentrati su una mente particolare passeranno a livelli più alti quando questa fase avrà svolto il lavoro necessario.

Abbiamo un destino molto più glorioso degno delle aspirazioni più ardenti.Quelle che nella scienza esoterica vengono chiamate "sottorazze" di razze radice (e "rami" di sottorazze) sono, in alcuni casi, "razze" antropologiche. Per evitare malintesi che hanno già causato grandi sofferenze nel mondo, è importante sottolineare i seguenti punti:

Primo, quando la scienza naturale parla di razze, si intende generalmente il corpo fisico, e non l'Anima, come è già stato detto.

In secondo luogo, tutte le razze discendono geneticamente da razze precedenti (con qualche aiuto dall'alto, di cui parleremo tra poco). Pertanto, non ci sono razze assolutamente nuove o pure. Quindi, non c'è alcuna ragione fisica o spirituale per cui persone di razze diverse non possano sposarsi e avere figli. Ma ci sono molte ragioni diverse per cui le persone possono farlo, e una delle più importanti è fornire materiale genetico per le nuove razze.

In terzo luogo, non esistono razze "cattive" o "buone". Di tanto in tanto, appaiono nuovi corpi razziali che forniscono di più all'Animaveicoli adatti e raffinati per apprendere le prossime lezioni a noi destinate, e le vecchie "forme" più grossolane muoiono. Ci sono molti esempi in antropologia. Inoltre, vengono creati nuovi corpi razziali tenendo conto del cambiamento climatico della Terra. Poiché tutto ciò che compone la Vita planetaria viene costantemente migliorato, e il pianeta "accelera", cioè eleva la sua vibrazione (la sua coscienza), non sono solo i corpi fisici degli uomini a cambiare, ma inevitabilmente accade in tutti i regni della natura.

Sappiamo che in un lontano passato i corpi degli animali erano molto più rozzi, e con l'avvento di altri veicoli più adatti, i primi corpi scomparvero gradualmente. Gli scienziati stanno cercando di trovare il motivo dell'estinzione dei dinosauri. In effetti, i dinosauri sono stati "uccisi" dal fatto che i loro corpi si sono fermaticogliere nuove opportunità di miglioramento. La loro ondata di vita è passata in corpi nuovi, più piccoli ma più efficienti. La stessa cosa è successa a molte altre specie animali (e alla fine accadrà anche agli umani).

Quarto, ogni persona ragionevole dovrebbe capire che ogni razza ha qualcosa da imparare dalle altre razze.
È tempo di parlare di razzismo. Fondamentalmente, nasce da una bassa autostima, che si traduce nel desiderio di trovare qualcuno da guardare dall'alto in basso. È noto che tra i sostenitori degli estremisti non si trovano persone ben adattate con una sana autostima e non soffrono di paranoia. La vita è uno specchio: chi calunnia gli altri espone le proprie debolezze. Debolezze che non vogliamo notare in noi stessi, proiettiamo sugli altri - che si tratti di pigrizia, furto, inganno, promiscuità sessuale o altri "peccati".

E ora veniamo al momento presente. E le prossime gare? Per rispondere a questa domanda, dobbiamo deviare un po' dall'argomento e ricordare il regno che ho già menzionato e che è chiamato il "regno dei deva" o degli angeli. Questo regno vasto e onnipresente è associato a molte incomprensioni tra le persone. Cercherò di dare la mia, estremamente limitata (e probabilmente alquanto errata) interpretazione di questa importante linea di evoluzione. Questo regno, che di solito non è percepito dai cinque sensi di una persona (perché i suoi rappresentanti risiedono in regni più sottili), è stato parlato da molti mistici, sensitivi e insegnanti spirituali nel corso della storia, e i suoi abitanti sono menzionati nelle scritture religiose intorno il mondo. Miti e leggende parlano di alcuni di questi esseri, i meno sviluppati e i più vari, gli spiriti della natura o elementali. Gli esseri più sviluppati sono spesso chiamati angeli.

Al livello attuale dell'evoluzione umana, il regno dei deva e il regno umano sono considerati mondi paralleli in un certo senso, sebbene nel processo di evoluzione i deva debbano anche passare attraverso lo stadio del regno umano per raggiungere livelli spirituali più elevati. Pertanto, la nostra coscienza e la loro non sono completamente compatibili finché non avanziamo nei regni spirituali superiori. Tuttavia, in entrambi i regni ci sono aspetti che sono profondamente intrecciati.

Poiché i flussi di vita evolutivi dei deva e degli umani seguono un corso parallelo, hanno, in una certa misura, gli stessi livelli di realizzazione: ciò che chiamiamo fisico, astrale, mentale e spirituale. Gli esseri Devici costituiscono entrambi la materia di questi piani e ne sono i costruttori. In altre parole, costruiscono dalla loro stessa sostanza. Questo è più facile da capire se li consideri energia. chi sono, non come circa le forme che creano. I deva inferiori o involutivi che dimorano sui piani corrispondenti al nostro fisico e astrale (e anche inferiori) sono spesso, come già accennato, raggruppati sotto il gruppo "elementare". L'immaginazione attira immediatamente noi streghe con cappelli a punta con gatti neri e calderoni bollenti, ma sebbene le persone a volte (con grande rischio) cerchino di influenzare queste entità per motivi malvagi o egoistici, gli elementali non hanno il libero arbitrio delle persone. Ma sono felici di lavorare, obbedendo ai propri alti mentori e mentori spirituali della nostra evoluzione planetaria. (Ricordate: "Maestro degli angeli e delle persone"?)

Il regno dei deva è particolarmente attivo nel regno vegetale. Gli spiriti della natura, di cui si parla tanto, non sono il frutto dell'immaginazione di qualcuno. Sono responsabili del progresso e della crescita in questo regno (e lo incarnano).Ogni elemento - fuoco, acqua, vento, ecc. - ha il suo spirito. Questi elementali non hanno intelligenza nel nostro senso, ma possono essere piuttosto giocosi. Ti è mai successo: sei seduto accanto al fuoco e il fumo ti sta raggiungendo, indipendentemente dalla direzione del vento? Cambi posto - lui ti seguirà... Gli insegnamenti esoterici dicono che gli insetti e gli uccelli sono strettamente associati a questo regno e in alcuni casi fungono da intermediari tra i due flussi evolutivi - deva e persone. (È curioso che molti dei "segni" siano associati agli uccelli. Ricorda anche lo Spirito Santo sotto forma di colomba.)

Che cosa ha a che fare tutto questo con il corpo razziale dell'uomo? Come ho già detto, vengono periodicamente introdotte nuove razze per fornire veicoli più perfetti per la nostra crescente consapevolezza. Alcuni dei fenomeni insoliti che stanno accadendo ora possono avere un'incidenza diretta su questo.

## Ufo E Deva

Tutti abbiamo sentito parlare molte volte di fenomeni insoliti che si verificano quasi quotidianamente. Sebbene siano spesso attestati e documentati in dettaglio, la maggior parte delle persone non ha modo di crederci. Intendo il noto fenomeno UFO. Di quei pochi che non sono contrari a conoscere almeno l'evidenza, la maggior parte è convinta che questi siano i trucchi di esseri di altri pianeti, che sono molto lontani da noi. È interessante notare che questa categoria di persone può essere grosso modo divisa in due gruppi: alcuni credono che gli esseri alieni abbiano buone intenzioni e vogliano salvarel'umanità dall'ignoranza e dall'autodistruzione, mentre altri vedono motivi più sinistri ed egoistici nelle loro visite. Proiettiamo ancora la nostra natura e le nostre paure sugli altri. Ma vorrei dare un suggerimento diverso. Vale a dire, questi fenomeni "operano" dei deva. Ora il regno dei deva, o angeli, sta aiutando a sviluppare nuovi corpi razziali per l'umanità (come ha aiutato nel corso della nostra storia). Inoltre, hanno altre missioni legate all'evoluzione.

Per cominciare, come ha stabilito la scienza ortodossa, piccoli cambiamenti e miglioramenti si verificano sotto l'influenza dimutazioni genetiche "naturali". La capacità di migliorare gradualmente il fisico e gli altri corpi man mano che la coscienza cresceva era fin dall'inizio "programmata" in ogni vita. Ma non è possibile ammettere che per i cambiamenti essenziali, che le guide divine del genere umano periodicamente riconoscono come necessari, sia richiesto l'aiuto di "estranei"? In alcune tradizioni religiose, gli abitanti di questo regno parallelo a noi sono chiamati "angeli". Ma, alla fine, questo regno include sia i costruttori che la sostanza stessa dei nostri gusci fisici. Non è logico che partecipi anche ai cambiamenti genetici (di programma)?

La scienza ortodossa ha difficoltà a spiegare la rapida crescita della civiltà e della cultura nell'attuale era geologica. Le sue teorie non possono sostanziare balzi evolutivi nello sviluppo dell'umanità, e si deve ricorrere a ipotetici "legami perduti". I modelli umani "nuovi e migliorati" appaiono sempre "all'improvviso", in modo relativamente inaspettato. E così non è solo per le razze umane, ma anche per il regno vegetale e animale: "all'improvviso" compaiono nuove specie, e le vecchie si estinguono costantemente. In tempi di grandi cambiamenti (come adesso), quando le nuove energie zodiacali coincidono con le nuove combinazioni di energie dei Raggi Cosmici (entrambe che influenzano molto la vita planetaria), è proprio aspettarsi l'emergere di nuove forme di vita. E se sì, allora perché non supporre che i famosi fenomeni dei "cerchi nel grano" nel regno vegetale, delle "mutilazioni del bestiame" (e di fatto, interventi chirurgici a noi incomprensibili) nel regno animale e degli "esperimenti genetici su UFO in cattività" nel regno animale il regno umano - sono queste solo manifestazioni individuali delle numerose trasformazioni fisiche che accompagnano gli attuali cambiamenti psicologici e spirituali?

È già stato detto che i cinque sensi dell'uomo di solito non possono percepire il regno dei deva. Ma non è vero il contrario: in generale, i deva sanno di noi. E alcuni di loro, in determinate circostanze, possono persino rallentare le loro vibrazioni e spostarsi nella nostra dimensione. Possono anche aumentare le nostre vibrazioni in modo da poter superare i nostri limiti fisici. In questo modo possiamo interagire in una sorta di eterea "zona di confine".

È interessante notare che i partecipanti agli "esperimenti genetici" associati agli UFO, anche se potrebbero non volerlo, si trovano in stati alterati di coscienza: la loro coscienza passa attraverso i muri, ecc. (In un'altra dimensione, questo è, in infatti, uno stato normale.) Ecco un altro dettaglio curioso: dicono che la struttura del loro corpo e soprattutto gli occhi degli "alieni" assomigliano a degli insetti. Tali forme esteriori sono più facili da assumere per i deva rispetto a quelle più complesse, diciamo umane, perché insetti e uccelli hanno una connessione più stretta con il regno devico. Ora parliamo del perché questi "contatti" con gli UFO sono percepiti come violenza.

Immagina di essere al posto di una persona che ha dovuto sopportare un'esperienza così traumatica (soprattutto se una persona non ne comprende il background evolutivo). E quando provi a parlare delle tue esperienze, ti dicono che o sei stato fuorviato, o hai inventato tutto da solo, o - se ci credono - sei caduto vittima di terribili creature di un altro pianeta. Naturalmente, ricorderai la tua esperienza con doppio orrore e disgusto. Ma guardiamo tutto questo da un altro punto di vista: se noi esseri umani siamo in un certo senso "cellule" del corpo fisico di Dio, e i nostri corpi fisici cambiano (poiché ci incarniamo in migliaia di corpi nel corso di miliardi di anni), ciò corrisponde al cambiamento delle cellule nel corpo di Dio, allora forse non dovremmo essere così completamente identificati con i nostri corpi? Dobbiamo invece capire che sono come i vestiti che indossiamo al mattino e ci togliamo la sera, e che i nostri corpi non ci appartengono nemmeno: ci vengono dati per un uso temporaneo. E se sì, non vogliamo che i corpi siano costantemente migliorati? Questo processo può e ci fornirà gusci migliori e più appropriati man mano che la nostra coscienza cresce. Dopotutto abbiamo uno scopo più alto del semplice esistere.

Se crediamo alle numerose storie di "rapimento da parte di alieni" (scartando le ovvie invenzioni) sugli esperimenti effettuati su di loro e guardiamo tutto questo nel contesto di cui sopra, non vedremo più buon senso in questi eventi? E, soprattutto, non risulteranno avere più buon senso delle teorie esistenti? In altre parole: in quale altro modo possono essere effettuati progressi evolutivi su larga scala? Sebbene la maggior parte delle persone abbia un'idea di angeli e deva dagli insegnamenti religiosi tradizionali, dobbiamo ricordare che questi concetti ci vengono spiegati principalmente durante l'infanzia; di conseguenza, queste informazioni sono progettate principalmente per la percezione della mente immatura di un bambino e molto altro viene aggiunto "per la parola rossa". Pertanto, è importante sottolineare che altri regni non esistono affatto per soddisfare le nostre fantasie e desideri. Loro, come noi, hanno i loro doveri e il loro posto nello schema generale dell'evoluzione (il loro dharma, come si dice in India). Non hanno intenzione di farci del male. In un ampio panorama, sono di grande aiuto all'umanità.

Ma ci sono creature sia umane che non umane che, per ignoranza o malizia, cercano di interferire con il loro lavoro a beneficio dell'evoluzione. Ne consegue che per saperne di più sul regno dei deva e sul suo ruolo nel

Piano Divino, dobbiamo capire che gli eventi in cui sono coinvolti non sono sempre semplici e possono essere rischiosi. Pertanto, dobbiamo stare attenti a non interferire intenzionalmente con il lavoro dei deva in ogni caso ea non cercare di usarli per scopi egoistici. Tentare di manipolare gli esseri del regno dei deva è ciò che viene chiamato magia nera: un'occupazione estremamente pericolosa! Ma ci sono persone che possono comunicare con gli spiriti della natura con cura e rispetto e, mosse dall'amore e non dall'egoismo, possono ricevere istruzioni dalle energie deviche nel regno vegetale e cooperare in una certa misura con loro.

Quando appare un nuovo universo - dopo una lunga "notte" di riposo - inizia con una manifestazione sonora della materia (o Spirito inferiore), seguita dalla "Luce" (o Spirito superiore), gradualmente più profonda e penetrando sempre più in profondità nella materia. Ciò si traduce nella creazione di coscienza a ogni livello (in una sfera o regno); discende, e così inizia il processo della Vita. Il Tutto inizia allora il lungo cammino del ritorno alla perfezione (o la "Casa del Padre"; cfr Gv 14,2). Innumerevoli universi - con innumerevoli galassie - con innumerevoli sistemi solari che uniscono innumerevoli vite sempre più complesse, e tutto questo si muove per sempre lungo la spirale ascendente del fulgido pinnacolo della Vita! E per tutto questo tempo noivivendo su un minuscolo pianeta, gli Insegnanti Divini insegnano i misteri dell'energia a tutti i livelli e come usarla correttamente in questo teatro dell'essere. A poco a poco, adempiamo al nostro ruolo, illuminando la nostra parte di oscurità, e quindi assumendoci la responsabilità di illuminarla sempre di più. Finché non ci sarà più oscurità!

Così, dopo miliardi di anni, tutto arriva al perfetto equilibrio, alla perfetta armonia, a un climax abbagliante. E tutto questo è contenuto nella perfetta Mente Cosmica.

## La Scuola È Finita

Indifeso, mi siedo su una sedia lì vicino, le lacrime che mi rigano le guance. La vita la sta lentamente abbandonando e sono completamente disperato perché non posso fare nulla per aiutarla. Non è più giovane, ma questa bella donna lo è ancoraPotrei dare molto a questo mondo. Com'è ingiusto che la vita finisca proprio ora, quando le sue qualità sono così necessarie! Talentuoso, compassionevole, altruista: ci sono così poche persone così! Vivrebbe e vivrebbe ancora...

Di nascosto mi asciugo le lacrime, anche se di chi si vergognerebbe? È chiaro che tutti in questa stanza stanno provando le mie stesse sensazioni. Se solo potessimo fare qualcosa! Ma nulla può essere fatto e il sipario sulla sua vita si sta lentamente abbassando. Questa è la vita. Questa è la "morte". Solo la morte non accade! Gli insegnamenti esoterici dicono che nasciamo sul piano fisico secondo la Legge di Limitazione e "moriamo" secondo la Legge di Liberazione. Molto presto torneremo su ciò che è detto negli Insegnamenti di Saggezza sul nostro Ritorno a Casa. Ma prima immagina di essere in un teatro. Anche se sappiamo che gli attori recitano sul palco, l'azione sembra molto credibile e proviamo sentimenti reali. Ma lo spettacolo finisce, e ricordiamo che ci aspetta una vita ancora più reale, il nostro mondo reale. Rispetto al mondo dello spettacolo, il nostro mondo ha più dimensioni; è ancora molto più interessante viverci che a teatro, non importa quanto eccitante possa essere la produzione. Quanto più reale, interessante e viva sarà la nostra vita quando torneremo dal teatro del piano fisico alla nostra vera Casa, dove ci sono ancora più dimensioni!

Vediamo ora cosa ha da dire il nostro stabilimento a riguardo. Non ci viene offerta una vasta selezione. Si può accettare il dogma della scienza moderna secondo cui la morte distrugge completamente la personalità. Oppure puoi accettare uno degli insegnamenti religiosi sulla vita dopo la morte: o ti aspetta un servizio in chiesa senza fine o un tormento eterno, il più terribile che una persona possa inventare. Non sorprende che con una tale prospettiva, molte persone si aggrappino ferocemente alla vita. (È interessante notare che coloro che si considerano i più devoti spesso apprezzano la vita sul piano fisico anche più di coloro che si definiscono atei.)Dobbiamo aumentare la nostra coscienza e non essere limitati da questi dogmi! Possiamo trarre vantaggio da uno dei tanti doni che ora vengono dati all'umanità: l'opportunità di comprendere a fondo la transizione che erroneamente consideriamo "morte".

Qualcosa può essere appreso dalla cosiddetta "esperienza di pre-morte" (NDE). Tali casi sono ampiamente descritti e generalmente riconosciuti. Quali risposte danno alle domande eterne sulla morte: cosa prova una persona quando l'anima lascia il corpo? Cosa prova una persona quando si separa da tutto ciò a cui è abituata?E cosa succede dopo aver effettuato la transizione? Presenterò la mia comprensione, basata sull'analisi delle informazioni a disposizione dell'umanità sull'"altra parte". Tutti coloro che hanno sperimentato la morte clinica affermano di aver sperimentato uno stato gioioso. Una volta che sono "attraversati" e hanno visto la Luce (con l'aiuto degli esseri che abitano quei regni), hanno sperimentato una tale beatitudine che non volevano tornare indietro. Dov'è la paura?

Gli Insegnamenti della Saggezza Eterna confermano queste impressioni sui sopravvissuti alla NDEe parlare del grande senso di liberazione che proviamo quando non siamo più gravati dal corpo che tanto ci ha limitato. Dietro questo sentimento di libertà c'è la realizzazione di ampie opportunità per avanzare verso la Luce e rafforzare così la propria crescita spirituale. Qualcuno potrebbe dire, beh, a che serve? La "crescita spirituale" non suona molto eccitante rispetto alle gioie del piano fisico. Ma per quanto riguarda il divertimento? E le feste? E le avventure? E i piaceri sensuali? Sì, davvero, la "materia" ci dà gioie temporanee (tuttavia, un forte dolore), ed è la seduzione di queste energie grossolane che ci tenta a tornare nel mondo fisico, incarnandoci ancora e ancora, finché, finalmente, non lo superiamo.

In casi eccezionali, i corpi astrali di coloro che sono troppo assorbiti sensualmente possono persino diventare "legati alla terra" dopo aver lasciato il corpo fisico. Resistendo al richiamo della vita superiore, i resti delle energie astrali sono rivestiti di sostanza eterea e si trasformano in "spiriti". A volte cercano persino di impadronirsi del corpo di una persona vivente. Ovviamente, se una persona è immersa nelle sensazioni del piano fisico e nel desiderio dell'astrale, non è ancora pronta per le gioie profonde ed eterne di una vita più alta e più ampia. Per fare un'analogia: se chiedi a un bambino di scegliere tra il gelato e andare a teatro o al concerto, la maggior parte dei bambini sceglierà il gelato. Ma è molto più probabile che un adulto più sviluppato intellettualmente preferisca un evento culturale. Poiché la maggior parte dell'umanità è ancora allo stadio di sviluppo della coscienza infantile, non sorprende che scegliamo ancora di tornare a una vita spensierata e frivola. E così sarà finché non impareremo finalmente tutte le lezioni necessarie che sono preparate per noi sul piano fisico. Questo è quando noi "Mettiamo da parte i giocattoli" per sempre.

Ora che il pianeta sta diventando sempre più illuminato, molte persone coglieranno l'occasione per crescere e scegliere la vita al posto della vita. Tutto quanto sopra fornisce ragioni sufficienti ai parenti per non "tenere" la persona che li lascia. Dopotutto, è ovvio che, piangendo molto i nostri defunti, non forniamo loro un campo energetico favorevole. Non sarebbe meglio scortarli in un nuovo grande mondo con gioia e buone parole d'addio? Dobbiamo anche capire che la morte del corpo fisico e del cervello è un grande vantaggio, specialmente per il regno umano. Riesci a immaginare quanto lentamente ci svilupperemmo se vivessimo per sempre? Anche nelle "pause" tra le incarnazioni, molti bramano ancora il familiare e nella prossima vita, avendo nuove opportunità, usano il loro libero arbitrio per tornare al vecchio. Un'altra grande benedizione: non ci è dato di conoscere il nostro futuro. Quello che dobbiamo sapere lo otteniamo nei sogni, nelle visioni e nei segni, ma ci è permesso determinare il nostro destino attraverso il libero arbitrio.

Continuiamo a parlare della nostra transizione. Secondo i sopravvissuti alle NDE, sperimentiamo la sensazione che tutta la nostra vita passata "passa davanti agli occhi". Non c'è nulla di impossibile in questo, come potrebbe sembrare a prima vista, perché la nostra comprensione del tempo si basa sul concetto sviluppato dal nostro cervello fisico, che lo percepisce come lineare, uniforme e unidirezionale. Quando lasciamo il mondo fisico e troviamo la nostra casa nei regni superiori (più sottili), sperimenteremo il "tempo" in un modo molto diverso. Questo è ciò che accade nello stato di coscienza chiamato "sonno": sogniamo un sonno molto lungo e quando guardiamo l'orologio, scopriamo che abbiamo fatto un pisolino solo un po'. Succede anche il contrario: ci sembra di aver dormito un po', ma quando ci svegliamo scopriamo di aver dormito per molte ore.

*Il sonno e i sogni possono insegnarci molto su ciò che chiamiamo morte.*

Nel processo descritto, è importante rivedere le nostre vite, rivivere le nostre relazioni con le altre persone a tutti i livelli. In quei momenti sperimentiamo felicità o dolore, sentimenti che sono sorti in coloro con cui abbiamo comunicato. Affrontiamo tutte le gioie e i dolori che noi stessi abbiamo causato e, di conseguenza, sentiamo lo stesso che altre persone hanno sperimentato una volta con noi: nulla sfugge, nessun segreto rimane. Tutto sarà ricordato: dolori fisici, esperienze emotive, tormenti mentali e tutte le cose buone. E anche il buono, il cattivo e il brutto.

Dal momento che il tempo sembra diverso in questo stato, a volte guardiamo le nostre vite "dietro a davanti", e quindi è più facile vedere le cause di molti eventi. Questo processo ricorda in qualche modo il dogma del purgatorio. (Pertanto, tra l'altro, l'Insegnamento della Saggezza raccomanda che prima di andare a dormire ricordiamo il giorno che abbiamo vissuto e cerchiamo di correggere mentalmente tutto ciò che abbiamo fatto.)Potresti chiedere: che dire di coloro che servono le forze oscure e malvagie? Cosa succede a quegli esseri che si aggrappano alla materia, che preferirebbero rimanere nel regno sensuale, dichiarare consapevolmente guerra a qualsiasi forma di illuminazione e di Amore? Che dire di coloro che sono responsabili di trascinare le persone spiritualmente deboli in guerre senza fine, di incitare all'odio, alimentare l'avidità, per lo sfruttamento? Poiché le loro energie risuonano con i livelli più bassi e sporchi del piano astrale, vi si recano dopo la morte. Questa è una sfera di oscurità in ogni senso della parola, una dimensione in cui non c'è assolutamente bontà, verità, bellezza. (Noi umani aiutiamo a creare questi regni inferiori con i nostri pensieri e azioni più grossolani mentre siamo ancora nella carne.)

Questo livello inferiore dell'aldilà sembrerebbe un inferno per qualsiasi persona risvegliata. Solo gli esseri che non hanno assolutamente alcuna connessione con la propria Anima possono entrare in un tale ambiente. Ma queste persone esistono davvero, sono facili da trovare sulle pagine della storia, e talvolta tra noi. Alcuni si fanno persino strada verso il potere, e non sono solo nel governo, ma anche negli affari e persino nella religione, ovunque si possa raggiungere l'obiettivo della divisione e della stagnazione. Basti dire che asenderemo (o saremo attratti) a un livello tale che risuoni con le nostre azioni nella vita sul piano fisico e, inoltre, ci dia la massima opportunità di apprendere tutte le lezioni necessarie. Tutto è lì, dalla bellissima beatitudine ai terribili inferni. In effetti, ci sono "molte dimore" (vedere Giovanni 14:2). Le persone che hanno dedicato la loro vita al servizio planetario, hanno imparato a valutare le loro azioni su base continuativa e a correggerle adeguatamente, richiedono solo una piccola esperienza di essere a un livello inferiore (astrale) e si spostano rapidamente verso sfere più alte, più vicine all'Anima . Per loro, il tempo trascorso nel "purgatorio" passa in fretta.

Quindi si passa alle sfere, che nelle diverse religioni del mondo sono chiamate "paradiso", "paradiso", devachan, ecc. Durante il nostro soggiorno temporaneo in paradiso, ci vengono fornite maggiori opportunità ed esperienze. Lì possiamo sviluppare ulteriormente le qualità positive che abbiamo acquisito nelle vite precedenti. Nel mondo "celeste", non siamo più gravati dalle energie dei desideri e delle emozioni grossolane: sono state cancellate durante la nostra permanenza nel mondo astrale. Ora siamo separati dalle forze oscure.

Possiamo utilizzare tutto ciò che a un livello superiore corrisponde a biblioteche umane, musei, università. Le sfere mentali superiori e ancora superiori contengono tutto il più preziosoconoscenza del mondo e il meglio della cultura.

Il tempo a noi assegnato passerà (sebbene il tempo non sia lineare lì, ma essoc'è ancora!) rimanere in un mondo superiore, ei nostri desideri, karma e bisogni insoddisfatti del Pianeta ci attireranno a una nuova vita sulla Terra. E poi scendiamo di nuovo nel piano astrale e ci adattiamo di nuovo alle energie di questo mondo, perché presto avremo una nuova incarnazione e saremo soggetti alla loro influenza. Quando arriva il momento della "reincarnazione" (nuova incarnazione), la nostra Anima ei "Signori del Karma" scelgono le energie dell'ambiente e della famiglia (da ciò che è) che sono più adatte per la fase successiva della nostra crescita. Devo dire che a causa dell'ignoranza, del male, della sovrappopolazione, molti di coloro che tornano nel nostro mondo hanno prospettive molto cupe. Tuttavia, ci viene data una situazione (ambiente) - ancora una volta, da ciò che è disponibile in quel momento - che fornirà le migliori opportunità.

Se parliamo di ulteriore illuminazione, allora solo poche persone su un numero enorme di persone ottengono qualcosa in ogni vita, perché in pratica una persona trascorre la sua prossima vita ripetendo il percorso che ha percorso, reimpara ciò che ha già iniziato a comprendere nelle vite passate. Pertanto, ci vuole molto tempo, per così dire, per "prendere velocità". E lì, le nostre teste di solito sono già piene di idee di separazione, perché le forze oscure vogliono che le nostre menti rimangano chiuse. Molte persone trascorrono la maggior parte della loro vita soddisfacendo bisogni materiali e miserabili capricci, ed è qui che vedono il senso della vita. Pertanto, molti di noi devono vivere molte vite prima di intraprendere finalmente il sentiero dell'ascesa allo spirito e alla coscienza, e per questo abbiamo bisogno di molta esperienza di vita. In diverse vite, ci possono essere dati diversi tratti della personalità, determinato da un particolare raggio; nasciamo sotto diversi segni zodiacali, in diverse nazionalità e così via. Ci vengono dati i corpi più adatti per il prossimo corso di lezioni. Anche il genere cambia periodicamente, quindi in alcune vite potrebbe esserci un "fallimento" dell'orientamento sessuale, ma nel tempo, sia in un individuo che nel mondo, tutto si armonizza.

Quando capiamo che una persona ha molte vite, è facile capirloperché i figli di alcuni genitori sono così diversi: un bambino è calmo e l'altro è rumoroso, allegro o presuntuoso. I tratti genetici ricevuti dai genitori contribuiscono solo al corpo fisico. La base della personalità si è formata nel corso di un numero infinito di vite (e continuerà a formarsi). Ma anche la personalità è transitoria. L'Essere Primordiale è trasferito da una vita all'altra dall'Anima immortale. È importante ricordare un'altra verità: abbiamo molte vite e prima o poi sperimenteremo (o almeno vedremo in prima persona) quasi l'intera esperienza umana. Ciascuna delle nostre azioni, buone o cattive, prevede una risposta (karma). Pertanto, per tutte le vite che abbiamo vissuto e viviamo ancora, noi, apparentemente, causeremo altri e noi stessi sperimenteremo tutto ciò che può essere causato e sperimentato. Dal momento che molte delle nostre azioni erano e sono cattive, tornano da noi (karma!) e rispondono con esperienze molto spiacevoli. Ma nelle vite successive, quando siamo tentati di ripetere gli stessi errori, a un certo livello ricorderemo quanto dolore hanno già causato a noi e agli altri.

È così che iniziamo a sviluppare il discernimento che porta alla saggezza. Questo è uno dei motivi per cui una "anima giovane" e una "anima vecchia" si trovano nella stessa situazione e prendono decisioni diverse.uno è errato e l'altro è corretto. Naturalmente, il karma "positivo" è accumulato dalle azioni giuste. L'Universo ci insegna con tali metodi e alla fine impareremo ad agire correttamente. Penso che quando faremo il passaggio e ci si aprirà una prospettiva più ampia, ci guarderemo indietro e la vita sembrerà una giornata normale a scuola, di cui ce ne sono tante: suona la campanella - e siamo contenti per una breve pausa . Qui vorrei sottolineare che c'è molto da imparare pensando a questo modello di scuola.

È molto importante sapere che questo modello, tanto diffuso negli ultimi tempi, riflette abbastanza adeguatamente la Vita, anche se a un livello inferiore (di nuovo, la Legge di Corrispondenza). E l'educazione pubblica e gratuita universale è una conquista molto significativa nella crescita spirituale del regno umano. Perciò, le forze oscure stanno cercando in ogni modo possibile di interferire con questa istituzione. Tutti i tentativi di far rimanere le persone ignoranti e limitate nelle loro opinioni e convinzioni stanno facendo un favore alle forze oscure! Per espandere la coscienza e crescere spiritualmente, abbiamo bisogno di uno studio continuo e dovrebbe essere incoraggiato con tutti i mezzi.

Confrontando la vita con una giornata scolastica, possiamo continuare l'analogia: dopo aver trascorso molti giorni (vite) a scuola, si passa alla classe successiva, oa un livello superiore.Riceviamo una promozione, o "iniziazione" spirituale (iniziazione). Sebbene tutte le persone (nel quadro generale della Vita) abbiano le stesse opportunità di avanzare sulla via dell'Amore e della Luce, è facile vedere che le persone si trovano a livelli diversi nella scuola di vita. Vediamo che la maggior parte delle persone è ancora, per così dire, nelle "classi primarie". Ci sono diverse ragioni per questo: non tutti sono entrati nel regno umano come individui allo stesso tempo (come accennato in precedenza).

Pertanto, coloro che "andano a scuola" da più tempo, e quindi hanno acquisito più esperienza di vita (e esperienza di vite), sono considerati "anime antiche" e possono essere un passo o due avanti. Un altro fattore molto importante è che alcune persone si impegnano di più e sfruttano più opportunità, così (come in qualsiasi classe scolastica) progrediscono più velocemente. E ad altri non interessa studiare, non vedono le proprie capacità e restano indietro. Sottolineiamo ancora una volta: è molto importante aiutarsi a vicenda. è a beneficio di tutti!

Attraverso l'esperienza di vita (studio) andiamodall'ignoranza alla conoscenza. Quando il chakra del cuore si apre, combiniamo la conoscenza con l'amore e il discernimento. Questo è quando iniziamo ad acquisire saggezza.Negli insegnamenti, questo è chiamato il passaggio dal "Palazzo dell'ignoranza" al "Palazzo dell'apprendimento" e al "Palazzo della saggezza" (vedi, ad esempio: Alice Bailey, "Initiation Human and Solar", p. orig. dieci) . Qui vorrei tornare al "nuovo gruppo di servitori del mondo" che ho menzionato di sfuggita in precedenza. È in questa fase che smettiamo di ferire intenzionalmente gli altri e iniziamo ad aiutare consapevolmente gli altri. È qui che inizia il senso di responsabilità. È in questa fase che diventiamo persone di buona volontà, non cercando di "vincere" gli altri, ma impegnandoci affinché tutti vincano. Poi dobbiamo attraversare la parte in prova del Sentiero del Discepolato. L'anima ci chiama sempre più a servire le persone, e quindi tutta la Vita del pianeta, di cui facciamo parte. Ci sono anche cambiamenti nelle nostre convinzioni, come abbiamo discusso nella sezione precedente del libro. Arriva il momento dei pensieri e delle ricerche, e quando ci apriamo e cominciamo a percepire nuove idee, la vecchia ideologia non ci soddisfa più.

Questa fase si chiama "candidato": ci sforziamo per la crescita spirituale, ma ci manca ancora la capacità di discernere. Fai attenzione: è facile lasciarsi trasportare da nuovi insegnamenti che suonano belli e impressionanti (ma possono essere vuoti), è anche possibile non credere alle vecchie credenze e "buttare fuori il bambino con l'acqua".Conserva tutto il meglio, il vero e il bello delle antiche tradizioni. E impara a discernere. Alla fine, smettiamo di essere dilettanti e ci rendiamo conto che il lavoro spirituale è un lavoro serio, anche se gioioso.

Nel tempo, il piano fisico e le sue illusioni non esercitano più la loro influenza su di noi e iniziamo a vincere l'attrazione della materia. Iniziamo a concentrarci su livelli più alti ea controllare i nostri desideri fisici.Questo primo passo è molto significativo e importante. È molto più difficile allora imparare a non soccombere all'incantesimo dell'astrale e del mondo e stabilire il controllo sui desideri e le emozioni inferiori. Per fare ciò, devi diventare più ragionevole, e quindi apparirà la Luce, che disperderà le nebbie del piano astrale. Questo è il secondo passo importante.

Poi, quando la mente inferiore ha compiuto il suo lavoro, anch'essa deve mettere da parte le illusioni di superiorità e lasciare il posto alla Luce superiore dell'Anima, che ci collega con la nostra Triade Spirituale (che, vi ricordo, consiste nella astratta o Mente Superiore, il chakra del cuore Amore-Saggezza e la nostra Divina Volontà).Questa è la terza fase molto importante della nostra evoluzione! Il completamento con successo di questi tre (e altri) voti di "scuola superiore" sono fasi di "iniziazione spirituale". È già stato detto che in innumerevoli incarnazioni la nostra coscienza cresce fino a quando siamo finalmente pronti a "riporre i nostri giocattoli" per sempre e ad iniziare ad apprezzare il Reale.

Avendo raggiunto questo punto importante della nostra evoluzione spirituale, impariamo finalmente tutte le lezioni necessarie sul piano fisico e non abbiamo più bisogno di tornarci.Quando la maggior parte delle persone alla fine completerà la propria esperienza di apprendimento terreno, diventeremo Esseri Spirituali. E alcuni "laureati" assumeranno il ruolo di insegnanti. Poiché non possiamo vedere tali insegnanti con l'occhio fisico, molti negano la loro esistenza. Ma, diventando più saggi, sentiamo sempre di più il loro aiuto. E stanno diventando sempre più reali per noi.

Gli insegnanti della scuola di vita sono quelli che aiutano le persone, e di questo abbiamo già parlato. Nelle tradizioni spirituali del mondo, sono chiamati in modo diverso:Fratellanza di Luce, Gerarchia Spirituale, Mentori, Maestri, ecc. Sono guidati dal Grande Insegnante (Salvatore, Avatar) dell'umanità. Nelle diverse religioni ha i propri nomi (titoli), ma è riconosciuto da tutte le tradizioni spirituali. Ma anche nelle sfere superiori, avremo ancora qualcosa per cui lottare e qualcosa per cui lavorare. Avremo sempre accesso a una nuova espansione della Vita fino a quel lontano giorno in cui il Cosmo diventerà perfetto e completo. Il contenuto principale del libro è già stato affermato, ma un altro segreto va detto. Nel nostro tempo, l'umanità deve imparare un altro tipo di energia. La parola più adatta nella nostra lingua è sintesi. Negli Insegnamenti di Saggezza questo evento importante è descritto come "la venuta dell'Avatar di Sintesi" (vedi, ad esempio: Alice Bailey, "

Non abbiamo idea di quanto grande sarà l'impatto di questa energia sull'umanità e su tutte le forme di vita sulla Terra. Lo sappiamo alla moda: questo porterà ad una benefica crescita della coscienza tutte le componenti della Vita planetaria.Probabilmente anche coloro che hanno letto le sezioni precedenti di questo libro

a) d'accordo con gran parte di quanto detto

b) considererà che tutto questo è in gran parte una sciocchezza.

In un modo o nell'altro, sono pienamente consapevole che solo il tempo può confermare o confutare la visione del Cosmo qui presentata. Ma scoprirai, ne sono certo, che la tua vita e la tua esperienza non contraddicono nessuna delle affermazioni che ho fatto. Anzi: con loro è possibile non solo collegare tutto ciò che accade, ma anche sostanziarlo molto meglio che da altre posizioni. Semplicemente non abbiamo più bisogno di provare a inserire grandi aste rotonde in piccole fessure quadrate. E per quelli di voi che sono pronti a smettere di cercare di spremere la propria realtà in sistemi di credenze limitati, lasciatemi ricordare: cosmologiaLe "scuole dei misteri" non sono mai state destinate a sostituire i credi o le teorie scientifiche esistenti. Questo Insegnamento è chiamato a dare alle persone una "grande Verità" in cui la più alta e pura di queste visioni del mondo può unirsi. Fondamenti Questi punti di vista non sono stati dati all'umanità invano e molto deve ancora venire.

## Guardando Indietro Dal Futuro

Guardiamo ora indietro dal nostro futuro ai primi due decenni del ventunesimo secolo e al ventesimo secolo precedente. Puoi persino catturare un altro paio di secoli del millennio passato, quando abbiamo iniziato a sentire l'influenza della prossima New Age. Lì assistiamo a un periodo meraviglioso di grandi scoperte e cambiamenti significativi che si verificano solo alla fine di un'era e all'inizio di un'altra. Questo è un momento di fondamentale trasformazione dell'intero pianeta. Eppure siamo più interessati al ventesimo secolo. In esso vediamo l'Armageddon predetto nelle scritture e nei miti del mondo. Una lunga guerra in tre fasi.

Il primo stadio è stato per lo più fisico - nudoaggressività aggressiva. Il secondo stadio, ancora più fisico, ha comunque interessato l'astrale inferiore: le ideologie del male hanno cercato di sopprimere il crescente desiderio di libertà e buona volontà in tutto il pianeta. Fortunatamente, il terzo stadio si svolse principalmente sul piano astrale e sui livelli inferiori del piano mentale: fu chiamato "guerra fredda". Nei paesi piccoli, invece, la guerra è stata ancora combattuta sul piano fisico ed è stata accompagnata da abbondanti spargimenti di sangue, cioè non è stata decisamente "fredda".

Solo dopo il quarantaduesimo anno del XX secolo le forze oscure cominciarono finalmente a indebolirsi, ma passarono più di quarant'anni prima che un certo grande discepolo giunse alle leve del potere mondiale nel 1985, sotto il quale la fine dell'ultima tappa della iniziò la guerra e la libertà e la bontà ripresero a diffondersi. volere. Ma mentre le ultime fiamme del fuoco mondiale si stavano spegnendo, nuovi focolai di tensione iniziarono a covare sotto la cenere in alcuni luoghi, principalmente nei luoghi in cui regnava il dio denaro. (I credenti in lui prima o poi impareranno quanto siano vulnerabili e volubili i falsi dei.)

Poi, dalle ceneri del secolo che passa, la libertà è apparsa per la prima volta nella maggior parte del mondo, e con essa più Luce.Le persone hanno interagito a un tale ritmo e in così tanti modi che le forze della separazione non hanno avuto il tempo di interferire con loro. Le multinazionali costringevano le persone a lavorare insieme e c'era collaborazione, almeno a livello professionale. Sono apparse formazioni statali sempre più grandi, che hanno coordinato le loro attività con altre dello stesso tipo (inizialmente, principalmente nelle sfere dell'economia e della sicurezza globale). Alla fine, divenne chiaro che la forza militare stava perdendo il suo significato e la conoscenza e l'informazione diventavano sempre più rilevanti. Di conseguenza, sempre più forze iniziarono a concentrarsi sullo studio della Terra, e quindi dello spazio vicino alla Terra. (Anche se le forze dell'oscurità continueranno a sostenere la forza militare a scapito della conoscenza, dell'arte e della cultura.)

Alla fine del millennio, molti stavano aspettando che si verificasse una sorta di cataclisma globale o addirittura la fine del mondo. Ma non è successo niente del genere, e quando la tensione si è calmata, quelle stesse persone per la prima volta hanno sentito la possibilità di vivere in pace.È difficile credere ora che noi umani abbiamo portato così tanto orrore su noi stessi e gli uni sugli altri. Ma le forze dell'oscurità sono finalmente "vincolate" e davanti a noi si apre l'opportunità di entrare in una nuova età dell'oro. L'Era dei Pesci viene sostituita dall'Era dell'Acquario e la cooperazione di gruppo viene sostituita dal fanatismo individuale. Devi cogliere l'attimo!

Siamo pronti per grandi cambiamenti.

All'alba del ventunesimo secolo, cominciarono ad accadere cose incredibili. È stato notato che sempre più organizzazioni e persino governi sono guidati da leader illuminati. Per cambiare "leader" miopi, limitati e miopi è arrivata una nuova generazione di persone che hanno visto un'immagine più ampia del mondo e hanno lavorato non per i propri interessi, ma per il bene comune. Dopo un altro paio di decenni, finalmente arrivò la benedizione più grande: il World Teacher "riapparve" per aiutare a salvare il pianeta. Certo, molte persone ancora non riconoscono la grandezza di questo Essere, perché non è in alcun modo coerente con i loro pregiudizi. Siamo ancora schiavi delle nostre abitudini. Le persone limitate che sostengono rigidi sistemi di credenze, resistono ferocemente alla saggezza dimostrata da questo grande salvatore del mondo.

Una leadership illuminata si sta affermando in tutto il pianeta. Nuove colossali energie si stanno manifestando, sia da fonti planetarie superiori che da regni extraterrestri, e stiamo finalmente entrando nel millennio d'oro. Per tutto il tempo dell'esistenza dell'umanità sul pianeta, un'era del genere non è ancora avvenuta. Sarà davvero così? Aspetta e vedi.

## La Grande Chiamata

Intorno alla metà del XX secolo, un importante strumento spirituale fu donato all'umanità. È conosciuta come la Grande Invocazione. La sua applicazione e comprensione sono molto utili per l'ascesa spirituale di una persona. Prima di tutto, va sottolineato che noi, persone, siamo in grado di invocare le energie divine, che (sebbene siano spesso ignorate) sono sempre a nostra disposizione. Con l'avvento del Settimo Raggio del rituale, del ritmo e dell'organizzazione, la scienza dell'invocazione - e questa è precisamente la scienza - entrerà sempre più nella coscienza delle persone, perché l'invocazione corretta è esattamente ciò che è un rituale organizzato e ritmico.

Quando la preghiera, la meditazione, l'inno, ecc. sono usati come invocazione e vengono compiuti sforzi sinceri, per la legge della risonanza evocano una risposta a livelli più alti. Più persone usano una chiamata e più spesso viene eseguita, più potente ed efficace diventa a causa dell'effetto cumulativo. E più alto è il livello di coscienza spirituale in cui la chiamata è "impacchettata", maggiore è la sua potenza. Coinvolgere la nostra coscienza spirituale superiore nell'invocare energie elevate assicura anche che queste energie vengano utilizzate non per scopi egoistici, ma per il servizio del mondo intero, per contribuire all'illuminazione del nostro pianeta e di tutte le forme di vita che esistono su di esso. Ecco la chiamata:

Dal punto di Luce che è nella Mente di Dio,

Lascia che la Luce scorra nella mente delle persone.

Che la Luce scenda sulla Terra.

Dal punto dell'Amore nel Cuore di Dio,

Lascia che l'Amore fluisca nel cuore delle persone.

Possa Cristo tornare sulla terra.

Dal Centro dove si conosce la Volontà di Dio,

Lascia che il Proposito diriga le piccole volontà delle persone -Lo scopo, sapendo quale, servono gli Insegnanti.

Dal centro di ciò che chiamiamo razza umana,

Possa il Piano d'Amoree la Luce si avvererà

E la porta dietro la quale il male sarà sigillato.

Possano la Luce, l'Amore e il Potere essere ripristinati -

Piano sulla Terra.

Quando una persona medita e usa la Grande Invocazione, gli diventa sempre più chiaro che da questo dono semplice ma molto profondo e potente, l'umanità può trarre molti livelli di significato, aspetti di percezione (e risultati pratici).Vorrei presentare qui quella che chiamo "visualizzazione scientifica" della Grande Invocazione. A mio avviso, il termine "scientifico" è giustificato dal fatto che corrisponde alla realtà, e cercherò di mostrarlo. E la "visualizzazione" in generale è una partecipazione mentale pienamente consapevole al processo che deve essere realizzato. In altre parole, cercherò di mostrare come si può "vedere" il processo spirituale ai livelli in cui viviamo e che, quindi, possiamo comprendere appieno.

## Prima Stanza:

*Dal punto di Luce che è nella Mente di Dio, Lascia che la*

*Luce fluisca nelle menti delle persone. Che la Luce scenda*

*sulla Terra.*

Il "Punto di Luce che è nella mente di Dio" è più alto, molto più alto della nostra più alta comprensione. Questa Luce, l'immagine visibile dello Spirito, o coscienza superiore, nasce in ciò che possiamo percepire come la mente (o aspetto mentale della trinità) di Dio. Da questo punto di più pura intelligenza, la Luce Divina fluisce continuamente in tutti i regni della natura, inclusi i regni divini, il regno umano, i regni inferiori e quelli generalmente sconosciuti all'uomo. È una coscienza che è sempre stata infusa e sarà sempre infusa nelle nostre menti. Non è altro che energia cosmica, il terzo aspetto o Raggio della Trinità Divina. Una forza enorme che porta l'umanità a un livello effettivo, ragionevole di grande Vita. Il risultato finale di questo è l'Illuminazione!

La Luce (o la coscienza di Dio) deve scendere dai suoi livelli e, se volete, fruttificare con sé tutte le vite in tutti i regni della nostra Terra. Nel tempo, questo porta alla crescita e all'espansione della coscienza di tutti i livelli dell'essere. Se immaginiamo il nostro Sole come simbolo (o corrispondenza inferiore) della "Mente di Dio", e la luce da essa emessa come personificazione di un piano mentale superiore, allora possiamo vedere come queste energie "fluiscano", "discendano verso la Terra" e penetrare direttamente o indirettamente nelle "menti delle persone". A livello fisico, sappiamo che il Sole è la fonte di tutta la vita sul pianeta e attraverso l'azione della luce solare (e anche dei venti solari, delle macchie solari, ecc.), in tutti i regni della natura avvengono profondi cambiamenti.

## Seconda Stanza:

*Dal punto dell'Amore nel Cuore di Dio, Lascia che l'Amore fluisca nel cuore delle persone. Possa Cristo tornare sulla terra.*

È facile immaginare come scorre la Luce, ma come visualizzare Amore?

Mi concentrerò su uno dei motivi per cui questo non è così facile da fare. Innanzitutto va sottolineato che la prima strofa è connessa con il Terzo Raggio di energia cosmica e, di conseguenza, con quella solaresistema che ha preceduto il nostro. Come sistema solare di terzo raggio, ci ha dato almeno la prima idea della Luce. Quello che chiamiamo "Amore Divino" è ancora un concetto nuovo per noi, poiché siamo nelle fasi relativamente iniziali del nostro attuale sistema solare, che è il secondo sistema solare (in una serie di tre) e appartiene al Secondo Raggio. È in questo sistema solare che l'Amore Divino sarà ancorato sulla Terra. Sebbene l'Amore Divino sia ben lungi dall'essere completamente materializzato sui piani della nostra consapevolezza, mi sembra che stia cominciando a manifestarsi in modi accessibili alla nostra percezione. Ad esempio, suggerirei di passare al colore: passando per un prisma, la luce forma i colori, i sette colori spirituali. Possono essere una delle manifestazioni fisiche dell'amore. Oppure prendi la musica: ci sono sette note in un'ottava. Per raggiungere l'armonia, bisogna saper distinguere sia il suono che il colore, oltre a conoscere le misure e le giuste combinazioni. Studiando proporzioni armoniose, ci immergiamo involontariamente nelle leggi della geometria e della matematica, nella sezione aurea, ecc.

Tutto questo porta alla bellezza, e la bellezza è l'espressione dell'Amore nella materia. Questo non significa che "il punto d'Amore che è nel Cuore di Dio" noi, popolo, possiamo immaginare come il centro della più pura bellezza, che, "fluendo nei nostri cuori", diventa compassione, altruismo e tutto ciò che di meglio c'è in una persona? Alla fine, tutte queste qualità, ognuna a modo suo, sono nate dalla capacità di distinguere tra le corrette proporzioni e relazioni. Sappiamo che il Piano Divino d'Amore ("Piano Buddico") si riferisce al Secondo Raggio di Amore-Saggezza e con esso tali qualità che esprimono la giusta relazione come pura ragione, intuizione, misericordia, una visione del mondo olistica, compassione, altruismo, ecc.

Pertanto, suggerisco che la bellezza che percepiamo nell'arte, nella musica, nei capolavori architettonici e in altri oggetti del piano fisico sia il riflesso più basso (che possiamo visualizzare) delle qualità superiori e più sottili sopra elencate. Visualizzando "L'amore che scorre nei cuori delle persone" (e nel cuore dell'umanità), possiamo immaginare bellissimi colori e musica - "la musica delle sfere". (E la straordinaria bellezza della natura.)

Quando incontriamo la parola "Cristo", ricordiamo immediatamente la personalità eccezionale adorata dai cristiani. Ma questo grande Essere è meglio compreso come il messaggero universale di Dio che ama tutti indipendentemente dalle credenze religiose. Nel mondo è conosciuto con una varietà di nomi e titoli. Quindi: se invochiamo che questo grande Essere scenda sempre più nella materia, nella sfera in cui abitiamo - ed è proprio ciò che sta accadendo ora - il "ritorno di Cristo sulla Terra" ci aiuterà sicuramente a raggiungere la bellezza finora sconosciuta della vita.

## Terza Stanza:

*Dal centro doveLa volontà di Dio è nota*

**Lascia che il Proposito diriga le piccole volontà delle persone -** Lo scopo, sapendo quale, servono gli Insegnanti.

Chi sono gli insegnanti? Questi sono esseri sviluppati che aiutano il Salvatore del mondo ad aumentare la sua coscienza. Li chiamiamo spiritualiMentori, Maestri, Signori o Gerarchi spirituali del nostro pianeta. Poiché questa stanza si riferisce alle energie del Primo Raggio, le parole chiave qui sono "Volontà" e "Scopo". Parliamo prima dell'obiettivo. Per quanto possiamo capire al nostro livello umano, lo Scopo Divino è quello di elevare ed espandere la coscienza in tutte le sue manifestazioni. O, in altre parole, riportare l'Universo alla perfezione attraverso l'evoluzione spirituale.

Di nuovo, a livello umano, ciò si ottiene invocando l'energia di Luce di Terzo Raggio, l'energia dell'Amore di Secondo Raggio (versi uno e due) e l'energia della Volontà Divina di Primo Raggio (versetto tre). Ma nel processo di adempimento del Piano Divino, sono necessarie purificazioni costanti, perché alcune entità resistono all'illuminazione e hanno bisogno di essere "rifatte" per avere un'altra possibilità. Parte della purificazione può essere raggiunta attraverso l'aspetto distruttivo del Primo Raggio. Ma qui va sottolineato: infatti, nulla può essere distrutto, né materia né energia; tutto è giustosi trasforma in qualcos'altro. Pertanto, il Primo Raggio non distrugge piuttosto che trasforma, rilascia o rifà.

Pertanto, il Primo Raggio svolge diverse funzioni: energizza la Luce e l'Amore; trasforma ciò che è necessario, e anche purifica, separando gli "atomi" non liberati per la rielaborazione. Questo può essere visualizzato come segue: tutto ciò che è impuro (il male) viene separato dalla vita in evoluzione e lavato al centro della Terra per la purificazione e la trasformazione del fuoco, e quindi riportato di nuovo in superficie per ripetere di nuovo il processo. Sul piano fisico, vediamo come ciò avvenga nel nostro corpo (i processi di digestione ed escrezione). Molta attenzione è rivolta alla Luce e all'Amore negli insegnamenti esoterici, cosa che non si può dire sui processi di purificazione e rifacimento. Ma questa attività importante e necessaria va avanti continuamente e dobbiamo parteciparvi consapevolmente.

## Quarta Stanza:

*Dal centro di ciò che chiamiamo il genere umano, possa*

*realizzarsi il Piano dell'Amore e della Luce,*

*E la porta dietro la qualeil male.*

Dopo aver invocato l'illuminazione del terzo raggio, la saggezza compassionevole del secondo e il potere concentrato del primo, torniamo di nuovo al "centro" della gola del pianeta: il regno umano.Il nostro compito (dharma) è fissare "Il Piano dell'Amore e della Luce" in modo che le sue energie dinamiche "si compiano" prima nel nostro regno, e poi in tutti gli altri (questo è menzionato nell'ultima strofa).

È importante sottolineare che tutto nell'universo è gerarchico (gerarchia significa "potere sacro"), e questa non è una gerarchia di potere, ma piuttosto di responsabilità crescente. Ogni unità strutturale dell'universo ha la responsabilità di aiutare i rappresentanti dei regni inferiori. Noi umanità, insieme ai deva (angeli), siamo quei regni più adatti a sostenere i regni animale, vegetale e minerale. Questo è possibile se conosci i rapporti e le proporzioni giuste. Quindi costruiamo correttamente la nostra interazione con questi regni e aiutiamo le energie di Luce, Amore e Volontà a scendere nei regni meno sviluppati e nei piani inferiori.E quando tutti i regni saranno illuminati, semplicemente non ci sarà più spazio per il male! Non partecipando al male, lo priviamo del suo potere, e questo aiuterà a "sigillarlo" in modo che non appaia più. Pertanto, chiediamo di sigillare la "porta dietro la quale il male" o la materia non liberata e non trasformata ai livelli inferiori (grossolani) di tutti i piani, che, di fatto, percepiamo come il male.

## Quinta Stanza:

*Possano la Luce, l'Amore e il Potere essere ripristinati - Piano sulla Terra.*

Nella strofa finale, visualizziamo "Luce, Amore e Potere (Potere)" che emana dai regni umani (e superiori) per "ripristinare il Piano (divino) sulla Terra". Può visualizzare miriadi di punti, le luci di varia luminosità che rappresentano questi regni, le energie del terzo, secondo e primo raggio già invocate, così come le influenze extraplanetarie divine. Tutto questo è nella giusta proporzione e nella giusta relazione, interagendo e diffondendosi in tutto il sistema Terra per aiutare a ripristinare il Piano Divino di perfezione dal quale l'umanità ha temporaneamente deviato. Benedizioni ai lettori di questo libro: In nome della Luce, in nome dell'amore, in nome del proposito cercheremo di compiere la sua parte dell'Unica Causa. Possa essere così!

www.ingramcontent.com/pod-product-compliance
Lightning Source LLC
Chambersburg PA
CBHW052357220526
45465CB00003BB/1142